空调系统能量回收新技术
——间接蒸发冷却原理与应用

杨洪兴　郭春梅　陈　奕　吕　建　著

中国建筑工业出版社

图书在版编目（CIP）数据

空调系统能量回收新技术：间接蒸发冷却原理与应用/杨洪兴
等著. —北京：中国建筑工业出版社，2019.9
ISBN 978-7-112-23687-9

Ⅰ.①空… Ⅱ.①杨… Ⅲ.①空气调节设备-节能-回收技术-
研究 Ⅳ.①TB657.2

中国版本图书馆 CIP 数据核字（2019）第 085603 号

　　责任编辑：张文胜
　　责任校对：王　瑞

空调系统能量回收新技术——间接蒸发冷却原理与应用
杨洪兴　郭春梅　陈　奕　吕　建　著

*

中国建筑工业出版社出版、发行（北京海淀三里河路 9 号）
各地新华书店、建筑书店经销
北京科地亚盟排版公司制版
北京同文印刷有限责任公司印刷

*

开本：787×1092 毫米　1/16　印张：12¼　字数：303 千字
2019 年 8 月第一版　　2019 年 8 月第一次印刷
定价：38.00 元
ISBN 978-7-112-23687-9
（34002）

前　言

资源潜力的充分挖掘与可再生能源的开发利用并举，已经成为当前世界各国保障能源安全、加强环境保护、应对气候变化的重要举措。我国在"十三五规划"中提出要统筹推进生态文明建设，围绕着这项目标，住房城乡建设部颁布的《建筑节能与绿色建筑发展"十三五"规划》中明确提出加快推进建筑节能的发展是加快生态文明建设的重要体现，也是促进整个社会节能减排以及应对全球气候变化的重要手段。

传统的蒸发冷却节能作为一项以对干空气加湿降温为主的空气调节技术，清洁高效，在高温干燥地区应用广泛，却受到使用地区气候条件的限制。而间接蒸发冷却能量回收（Energy Recovery Indirect Evaporative Cooling，ERIEC）复合空调系统，将新风与经过喷淋的空调排风通过换热器进行间接换热，降低新风温度和湿度，从而达到能量回收的节能目的。该间接蒸发冷却系统的传热传质的驱动力是空调排风所具有的较高的干湿球温度差，而不是新风的干湿球温度差，在排风通道里少量喷淋水蒸发达到降温的目的。当壁面温度低于新风的露点温度时，新风通道会发生凝结换热，实现对新风的降温除湿过程。理论与实践证明，该项技术突破了传统蒸发冷却技用在使用气候区域上的限制，可用于高温高湿地区并有着显著的节能效果。

本书主要总结了笔者近年来在间接蒸发冷却技术方面的理论研究成果和实际工程经验。主要内容包括：间接蒸发冷却空调技术的发展与现状，间接蒸发冷却能量回收技术的传热传质原理与数值解法，间接蒸发冷却能量回收系统能效的影响因素及其评价方法与优化措施，以及间接蒸发冷却能量回收复合空调系统的设计与运行调节，并通过实际工程案例对该系统的设计步骤、运行能效及其经济效益和环境效益进行了全面的探讨。本书旨在让读者了解国内外间接蒸发冷却技术的发展与节能潜力，促进我国绿色低碳空调技术的发展，给建筑空调领域从事相关工作的研究人员、工程人员和大专院校师生提供一定的参考。

本书由香港理工大学杨洪兴教授、陈奕博士与天津城建大学郭春梅教授、吕建教授合著。参与本书著作的还有天津城建大学由玉文副教授，香港理工大学可再生能源研究室的闵韵然和刘佳博士生、张甜甜和游田博士，以及天津城建大学间接蒸发冷却能量回收研究课题组的郑斌、陈通、蒋晖和黄高昂同学。同时，本书在写作过程中，中国建筑工业出版社张文胜编辑给予了极大的帮助和支持。在此一并表示衷心的感谢！

由于水平有限，本书难免有不妥甚至错误之处，欢迎广大同行不吝赐教，批评指正。

目　　录

符号表

A	换热面积，m^2	d_e	通道的水力直径，m
B	大气压力，Pa	h	传热系数，$W/(m^2 \cdot ℃)$
H	冷却器高度，m	h_m	传质系数，$kg/(m^2 \cdot s)$
L	冷却器长度，m	h_{fg}	水蒸发潜热，J/kg
P	水蒸气压力，Pa	i	空气焓，J/kg
R	冷凝比	m	质量流量，kg/s
T	热力学温度，K	n	通道数目
Pr	普朗特数	q	单位质量的总传热率，kW/kg
NTU	传热单元数	s	通道间距，m
c_{pa}	空气比热容，$J/(kg \cdot ℃)$	t	摄氏温度，℃
c_{pw}	水比热容，$J/(kg \cdot ℃)$	u	空气流速，m/s

希腊符号

ω	空气含湿量，kg/kg	μ	动力黏度，$Pa \cdot s$
σ	润湿率	υ	运动黏度，m^2/s
η	湿球效率	λ	导热系数，$W/(m \cdot ℃)$
ε	扩大系数		

下标

c	冷凝	cw	冷凝水
e	蒸发	ew	蒸发水膜
p	一次空气/新风	qb	饱和蒸气压
s	二次空气	wb	湿球温度
w	壁面	sat	饱和湿空气

第 1 章　间接蒸发冷却技术概述

随着生活水平的提高，人们对室内环境热舒适的需求也在增加。据统计，空调能耗占建筑总能耗的 50% 以上。当今的空调市场主要由传统的蒸汽压缩式制冷系统占领，它利用氯氟烃类制冷剂的相态变化制冷。其中，压缩机作为该系统一个重要的部件，利用电力驱动将制冷剂蒸汽压缩，不仅能耗大，而且带来大量温室气体的排放。此外，氯氟烃类制冷剂会破坏臭氧层，同时也是一种温室气体。总之，传统的蒸汽压缩式空调系统不仅能耗大，还会造成严重的环境污染问题。据报道，2013 年我国暖通空调系统消耗能源 1506 百万吨油当量，排放了 47.62 亿吨碳[1]。全球能源短缺和日益严重的环境污染给建筑行业带来了巨大挑战，当前需要寻求新的方法来减少化石燃料消耗，并充分利用可再生能源提供空调解决方案。

1.1　间接蒸发冷却技术的发展与现状

蒸发冷却是一项历史悠久的制冷技术，早在公元前 2500 年就在埃及地区出现过。后来该项技术被引入中东地区，在炎热和干旱地区发展迅速。随着蒸发冷却相关应用越来越普遍，如多孔水盆、水池和薄水槽，并出现了将类似结构组合到建筑物中，为建筑环境进行降温，既简单又有效[2]。现代的蒸发冷却技术起源于美国，起初主要应用于纺织厂等工厂空气环境的清洁和冷却。在 20 世纪初，美国东部地区开始生产纺织厂空气清洁蒸发冷却器，主要应用于英格兰南部的工业区。在此期间，美国亚利桑那州和加利福尼亚州也开始生产直接和间接式蒸发冷却器[3]。蒸发冷却器在 20 世纪 50 年代初实现了大规模生产，并在美国、加拿大和澳大利亚得到了广泛应用。20 世纪 80 年代，蒸发冷却技术开始引入我国，并于 20 世纪 90 年代末被我国空调专业人士所熟知[4]。

作为一种节能、环保的空调方式，蒸发冷却技术（EC）利用水蒸发吸热的原理，通过将空气中的显热转化为潜热来制冷。由于蒸发冷却器不使用压缩机和氯氟烃类制冷剂，仅依靠风机和水泵从水蒸发过程中获取冷量，所以它被认为是一种绿色的空调方案。蒸发冷却技术利用空气的干湿球温度差作为制冷的驱动力，因此在干湿球温度差较大的地区，对湿度较低的新鲜空气可以实现的冷却能力更大，制冷效果更好。在我国西北部的干燥地区，可以直接利用蒸发冷却技术提供冷却的新风或高温冷水，经过冷却的空气可以直接供应到建筑内部，被广泛应用。

然而，在我国南方沿海地区，一次空气被降低的温度限于新鲜空气的湿球温度，间接蒸发冷却器的制冷能力受到高湿的限制，无法独立作为空调使用。因此，在这些地区它被用作能量回收装置安装在空调（A/C）系统的空调机组（AHU）或冷却盘管之前，将空调区域的具有较低湿球温度的排风用作二次空气，以预冷一次空气。这种复合冷却系统将间接蒸发冷却和机械制冷系统结合起来，近年来因其极具吸引的节能潜力而备受关注[5,6]。

与直接蒸发冷却技术（DEC）相比，间接蒸发冷却技术（IEC）不会增加所处理空气的含湿量，并可以保证热舒适性，其应用在过去几十年的全球商业市场中不断扩大。如今，蒸发冷却技术广泛应用于许多国家的炎热干旱地区，其中应用最多的是澳大利亚，其蒸发冷却技术占据了空调市场的 20％[7]，且主要集中在气候炎热干旱的澳大利亚南部地区。在美国，蒸发冷却设备占据美国 5％的商业空调市场，而且这一比例在逐年增长[8]。在我国（主要是西部地区），蒸发冷却设备的安装量从 1998 年的数千份增加到 2009 年的 50 万份[9]。调查显示，在 1999 年，近 2000 万户住宅采用了蒸发冷却设备，其中印度占 800 万～1000 万，其余主要分布在美国、澳大利亚、南非、巴基斯坦和沙特阿拉伯[10]。

间接蒸发冷却技术作为一种减少空调空间的能量需求和消耗的方式，由于其显著的冷却潜力，它的推广与应用也在不断发展，在一些气候条件下具有非常可观的应用前景。而且，它可以用于改善室内通风所需的回风气流的热回收过程，从而利用来自空调空间的回风来冷却新鲜空气。如今，对间接蒸发冷却系统的研究不仅包括参数变化对其热力学和水力性能的影响，而且还涉及间接蒸发冷却冷却器的经济性问题，能耗和节能潜力研究[11]，以促进间接蒸发冷却技术在全球范围内的广泛应用。

蒸发冷却的主要研究领域在于针对热量和质量传递过程建模、配置优化以及节能潜力分析。但是，随着技术的快速发展，出现了一些新的研究领域，包括新型换热器的开发、喷淋水优化、亲水涂层应用和自动控制等，见证了从单一学科领域到多学科（包括热力学、材料科学和化学工程）领域的综合发展。蒸发冷却技术未来的发展趋势和研究热点可分为以下 9 个方面：（1）研究和开发低成本且高效的材料；（2）优化设备结构；（3）优化喷淋水系统；（4）研究和开发高效经济的换热器；（5）设计间接蒸发冷却系统的动力装置；（6）研究和开发间接蒸发冷却器的空气过滤装置；（7）研究与开发复合系统；（8）系统的优化与控制；（9）有关蒸发冷却技术标准规范的制定。

1.1.1　间接蒸发冷却技术的基本原理

蒸发冷却技术利用水蒸发吸收热量来冷却空气，具有高效、低能耗、无污染且易于维护的特点，是一种具有应用前景的自然冷却技术。蒸发冷却技术包括直接蒸发冷却（DEC）和间接蒸发冷却（IEC）。

直接蒸发冷却（DEC）是最古老、最简单的蒸发冷却方法，其通过直接向空气中喷淋水来冷却空气[12]，由水泵将循环水送入上方的分配系统并通过喷嘴进行喷淋，由风机送入的空气在装置内部经过等焓冷却并被加湿，之后作为"洗涤空气"离开。理论上，离开装置的空气可接近其进口状态下的湿球温度并达到饱和状态。然而，由于空气和水之间的接触面积以及处理时间是有限的，实际上不可能将空气降低至湿球温度。DEC 的示意图和处理过程如图 1-1 所示[13]。市场上大多数直接蒸发冷却器的冷却效率可达 70％～95％，具体取决于机组配置和运行条件。DEC 具有配置简单、低能耗和高效率的优点，然而，该项技术会使所处理空气的湿度增加。因此，它只能用于没有湿度要求的室内环境或需要同时加湿和冷却的场合。

间接蒸发冷却（IEC）由 Willi Elfert 博士于 1903 年开发。与 DEC 相比，IEC 在处理空气的过程中可以不增加空气的含湿量，因此它能够提供更高的室内热舒适性而具有更广

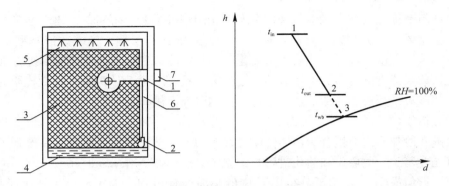

图 1-1　DEC 的原理图和处理空气过程

1—风机；2—水泵；3—垫片材料；4—积水盘；5—布水装置；6—进风管；7—出风口

泛的应用。IEC 单元的结构如图 1-2 所示，由如下几部分组成：空气—空气换热器、喷淋水系统、除湿装置、水箱、套管、循环水泵、阀门、送风机、排风机和空气过滤器。其中，IEC 单元中的热交换器由薄平板组成，这些平板组装成干湿通道交替的夹层，也被称为一次空气和二次空气通道。一次空气指待冷却的新鲜空气，二次空气一般为室外新鲜空气或室内排风。在湿通道中，喷淋水在板表面上形成一层很薄的水膜，并通过吸收板的热量蒸发到二次空气中，进而排出湿通道，相邻干通道中的一次空气由低温壁面进行冷却。当 IEC 使用来自空调区域的排风作为二次空气时，该热回收系统可称为再生蒸发冷却（RIEC）系统，从低温干燥的排风中回收能量，可增强 IEC 装置在炎热且潮湿地区的冷却效果。

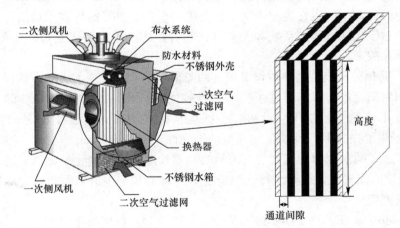

图 1-2　间接蒸发冷却（IEC）装置结构图

　　IEC 单元的工作原理如下：循环水泵向喷淋装置供水，喷淋水在薄板壁表面上形成水膜润湿二次空气通道壁面，二次空气经由风机送入湿润的二次通道内，使水膜蒸发、吸收热交换器薄板表面的热量，在二次空气和水膜之间的气液交界面处发生热量和质量交换，由被降温的薄板另一侧表面冷却一次空气（新鲜空气）。因此，IEC 能在不加湿的情况下冷却一次空气，并且将潮湿的二次空气排出[3-5]。

1. IEC 模型的发展

　　寻找合适的数学模型来研究蒸发冷却器中发生的传热和传质过程，是对整个 IEC 系统进行相关创新和优化的基础。多年来，专家学者们进行了大量研究，以建立准确的蒸发冷却器数学模型，主要分为以下三类：分析模型；一维数值模型；二维数值模型[11]。基于经典的传热传质理论，通过一些假设来简化间接蒸发冷却过程总体模型的解决方案，并且开发一些系数来建立运行参数和系统性能之间的关系。因此，对间接蒸发冷却器的相关模型进行分类和总结是有意义的，这将为进一步的研究提供有益指导。

（1）分析模型

间接蒸发冷却器内部耦合的传热传质过程增加了数学模型建立的难度，得到了广泛的研究。首先，基于一些假设和简化过程，建立了分析模型。Maclaine-cross and Banks 提出了一种线性近似模型[14]，用于分析 IEC 中的热质交换过程，其中用到了两个经典假设：1）湿空气的比焓是空气温度和含湿量的线性函数；2）气液交界面的空气含湿量是水膜表面温度的线性函数。另一个简化模型是由 Erens 和 Dreyer[15] 提出的，其假设了循环水温度恒定，可以独立求解一次空气温度与二次空气的焓值，该简化模型可以为 IEC 系统工程设计提供足够的精度。后来，San Jose Alonso 等人[16] 开发了一个方便用户的简化模型，用于分析板式 IEC 的热性能，其提出了等效水温的概念并应用于计算过程，模拟结果采用 Pescod 模型[17] 以及 Erens 和 Dreyer 的模型进行验证，误差分别为 $2.2\sim2.4℃$ 和 $-0.1\sim-0.6℃$。Stoitchkov 和 Dimitrov[18] 提出了一种基于 Maclaine-cross 和 Banks 模型的便捷模型，用于计算交叉流板式 IEC 的运行效率，该模型考虑了实际条件下的水膜流动，提出了平均水膜温度的计算方法并引入了显热比的公式。由于 IEC 的湿通道表面同时涉及传热和传质过程，与干通道表面的显热传递有很大不同。Chen P. L[19] 建立了 IEC 中的传热传质模型，其中湿通道中气液交界面之间的综合传热系数由空气比热容和焓值以及能量守恒方程表示，通过定义综合传热系数和湿空气比热容，解决了模型建立过程中的关键问题，促进了传热单元数方法的应用。

上述 IEC 简化分析模型通常假设了恒定的喷淋水温度、统一的 Lewis 因子和完全润湿的湿通道表面以简化模型，却牺牲了模型的准确性。研究显示[20]，在 IEC 的实际运行中湿通道表面并不能完全被润湿。此外，一些运行条件下 Lewis 因子恒定的假设是无效的[21]。因此，为了提高 IEC 性能预测模型的准确性，Ren 和 Yang[22] 提出了改进的分析模型，该模型考虑了喷淋水温度变化与焓值沿换热器长度方向的变化。此外，考虑了变化的 Lewis 因子和壁面润湿性，该模型被认为是在 IEC 性能预测中最全面的分析模型。

（2）数值模型

为了进一步探索 IEC 热交换器内的传热和传质机制，数值模型由于具有较高的精度而得到迅速发展，文献中应用到的数值方法包括：有限差分法、基于 EES（Engineering Equation Solver）的牛顿迭代法、基于 Multiphysics 软件的有限元法、Runge-Kutta 方法以及基于 CFD 模拟软件的有限体积法。随着数值模拟技术的发展，越来越多的因素可以被考虑进 IEC 模型中，如三维换热结构、分散的喷淋水滴、凹凸不平的热交换壁面、不均匀的气流分布与水膜的湍流耗散等，但求解模型的过程需要消耗更多的计算资源和时间。总体而言，IEC 数值模拟的发展使得越来越多的研究开始关注于换热器表面润湿性、喷淋水温度变化、非稳定 Lewis 数以及新型气流配置等不同因素，为具有更复杂的结构和更高效率的、新型 IEC 的设计和优化带来了巨大潜力。

有限差分法被广泛应用于控制方程的离散。例如，Stefan 等人[23] 开发了一种叉流 IEC

模型，该模型考虑了热交换器表面的实际润湿性，并采用 IEC 在典型数据中心的实地运行数据对模型进行了验证。Heidarinejad 等人[24-26]考虑了壁面纵向热传导和喷淋水温度变化，采用有限差分法对控制方程进行离散化，联合向前差分与中心差分格式来求解耦合方程，提出了新的 IEC 数值模型。Min 等人[27]采用有限差分法求解了叉流 IEC 在考虑一次风冷凝状态下的二维偏微分模型，与文献中的实验和模拟数据进行对比，该模型可以准确地描述换热器内部的温度及湿度场分布。Zhou 等人[28]建立了一种新型热电辅助 IEC 的计算模型，并采用有限差分法迭代进行求解，迭代顺序按照二次风流动方向逐步向前进行差分，直到获得最终结果。

基于 EES 软件的牛顿迭代法也被用来进行 IEC 数值模型的研究[29-31]，Zhan 等人[29]采用牛顿迭代法求解 M-cycle 逆流与叉流型 IEC 中的一系列耦合传热传质方程，并通过实验进行验证模型的误差在 2%～10% 范围内。Woods 等人[30]基于 EES 平台建立了一种溶液除湿与间接蒸发冷却的复合系统模型，采用牛顿迭代法使数值解残差小于 10^{-5}，通过实验验证了模型的精度在 ±10% 之间。Zhao 等人[32]基于 EES 平台建立了一种新型的逆流露点蒸发冷却器模型，网格划分采用等边三角形模式，对每一个单元考虑能量守恒并通过牛顿迭代法进行求解。Riangvilaikul 等人[31]采用牛顿迭代法求解 IEC 数值模型，研究了一种新型露点蒸发冷却器在不同进口参数下的理论性能。

尽管上述 IEC 模型的数值求解方法均能在合理的计算时间内获得令人满意的模拟结果，但是仍然存在一些局限性，例如难以处理 3D 问题，以及更复杂的水力和热力的耦合性能。随着计算机技术的快速发展，计算流体动力学（CFD）近年来得到了很大发展，其作为一种精确的流体分析技术，可以通过求解连续性、动量、能量以及多相流等过程来分析复杂的传热传质过程，从而获得模型中的速度、压力、温度和浓度的分布情况。

2008 年，Jorge[33]首先采用 FLUENT 求解器为间接式冷却塔建立了二维网格，以分析其内部传热传质过程，结果表明，由于液膜的非均匀流动分布，Zhukauskas 关联式和 CFD 模拟得出的传质系数之间存在差异。在此之前，关于间接蒸发冷却的 CFD 模拟的研究仅考虑了热交换器与空气之间的显热传递。Herrero[34]针对采用多孔介质的半间接式蒸发冷却器，对比了实验、理论计算和 FLUENT 模拟结果在传热特性上的差异，在 CFD 模型中，蒸发/冷凝过程中的源项是通过实施用户定义函数（UDF）来开发的。Zhu 等人[35]建立了气液两相流的二维 CFD 模型，用来模拟逆流和平行流结构下的板式蒸发式冷凝器的性能，并分析了喷淋水流动、风速与气流方向对水膜的影响，模拟结果与实验结果吻合较好。文献［36，37］采用 CFD 建立了逆流间接蒸发冷却器的二维模型，气液交界面处水蒸气的质量分数通过用户定义函数（UDF）进行定义，采用二阶形式与 SIMPLE 算法求解能量守恒方程，并用所得的局部 Nusselt 数和 Sherwood 数作为模型输入，以提高模型准确性，模拟结果与文献所述吻合较好。Zhang 等人[38]采用 CFD 建立间接蒸发冷却器的三维数值模型，以预测其流场、温度场和浓度场分布，并分析了不同流动通道对换热器性能的影响。Cui 等人[39]采用 ANSYS FLUENT 14.0 软件建立了一种新型露点蒸发冷却器模型，其湿表面不被视为薄水膜，而是被视为均匀分散的液滴，将空气流作为稳定的连续相，水滴作为离散相，并采用欧拉-拉格朗日方法来进行求解。

一些其他数值方法也应用在 IEC 模型的求解中。Lin 等人[40]采用基于有限元法的 COMSOL Multiphysics 软件，提出了逆流 IEC 的数学模型，预测其冷却过程中瞬态和稳态的性能与主要影响因素。Anisimov 等人[41-43]针对不同流动配置的 IEC，采用 Runge-Kutta 方法建立了一系列传热传质数值模型，并通过实验数据验证了数值模型具有合理的准确性和稳定性。Chen 等人[44]建立了一种太阳能辅助溶液除湿与再生型间接蒸发冷却器相结合的复合系统模型，其中再生器、发生器与间接蒸发冷却器的模型为一阶常微分方程组，通过 Runge-Kutta 方法进行求解。

2. 性能影响因素

参数研究是 IEC 系统设计的关键，通过参数研究可以分析 IEC 适宜的运行条件并对结构优化提供有价值的指导。现有的 IEC 研究工作，重点在于分析热交换器内部的传热传质过程、评估各种运行条件下不同结构 IEC 的性能、优化热交换器内水/空气分布的结构和几何尺寸、选择适合换热器制造的材料和适合的工作条件等。近年来，国内外众多学者针对不同进口状态（温度、湿度、流速、水流量、空气流量比）和几何尺寸（长度、高度、通道间隙）对 IEC 性能的影响进行了大量研究，包括传统式 IEC、M-cycle IEC 和其他露点 IEC。基于 IEC 参数研究的结果，一些学者提出了强化换热的措施以提高 IEC 效率，包括改善换热器结构和材料、运行模式、湿通道表面材料以及水流分布和处理措施等。

对于普通板式间接蒸发冷却器，根据进口空气条件、系统结构配置、几何尺寸、一次空气与二次空气的比率以及空气流度，其湿球效率在 40%～90% 波动。露点 IEC 和 M-cycle IEC 实现更高的冷却效率，因为这些间接蒸发冷却器可以预冷一部分二次空气。再生型 IEC（RIEC）利用来自空调空间的回风作为二次空气，可以提供更大的冷却能力。表 1-1 总结了关于间接蒸发冷却器的一些参数研究情况。

间接蒸发冷却器的参数研究　　　　　　　　　　　　　表 1-1

文献编号	IEC 类型	研究参数及范围	特征
[22]	平行流和逆流板式 IEC	$t_{p,in}=21\sim50℃$，$t_{s,in}=21\sim35℃$，$\omega_{s,in}=9.41\sim21.71g/kg$	考虑了非稳定 Lewis 因子与湿通道表面润湿性
[45]	带有肋片的逆流 RIEC	$m_{ew}=0.15\sim1.0L/min$，$t_{p,in}=27.5\sim32℃$，$\omega_{p,in}=9.19\sim18.11g/kg$，$t_{p,in}=24\sim40℃$，$RH_{p,in}=30\%\sim90\%$，	实验及模拟
[46]	逆流板式 IEC	$u_p=0.5\sim5.0m/s$，$t_{s,in}=20\sim28℃$，$RH_{s,in}=40\%\sim70\%$，$u_s=0.5\sim5.0m/s$，$\sigma=0\sim1$，$s=2\sim10mm$，$H=0.1\sim2.0m$	考虑了干通道中的冷凝
[47]		$t_{p,in}=24\sim36℃$，$t_{p,wb,in}=17.7\sim28.3℃$，$t_{s,in}=22\sim28℃$，$t_{s,wb,in}=16\sim21℃$	采用了平均水膜温度
[48]		$t_{p,in}=35\sim45℃$，$t_{p,wb,in}=19.5\sim23.3℃$，$t_{s,in}=23.5\sim27.2℃$，$t_{s,wb,in}=16.8\sim18.6℃$	采用了等效水膜温度
[49]	叉流板式 IEC	$t_{p,in}=25\sim45℃$，$t_{s,in}=25.0℃$，$t_{s,wb,in}=11.4\sim23.8℃$，$u_p=0.5\sim4.5m/s$，$m_s/m_p=0.5\sim2$，$\sigma=0\sim1$，$s=2\sim10mm$	2-D 模型
[50]		$t_{p,in}=30\sim45℃$，$t_{p,wb,in}=15$，20，25℃，$m_p c_{pa,p}/m_s c_{pa,s}=0.5\sim10$	考虑了纵向热传导
[51]		$t_{p,in}=39\sim43℃$，$RH_{p,in}=37\%\sim46\%$，$V_p=0.065\sim0.843m^3/s$，$V_s=0.833m^3/s$	测试了不同尺寸与冷却介质

文献编号	IEC 类型	研究参数及范围	特征
[52]	逆流与叉流 IEC	$t_{p,in}=30\sim36℃$, $RH_{p,in}=25\%\sim85\%$, $t_{s,in}=20\sim29℃$, $RH_{s,in}=30\%\sim70\%$, $NTU=2\sim10$, $m_s/m_p=0.2\sim1$	比较了逆流与叉流 IEC 中干通道的冷凝量
[31]	M-cycle 逆流 IEC	$t_{p,in}=25\sim45℃$, $\omega_{p,in}=7\sim26g/kg$, $u_p=1.5\sim6.0m/s$, $s=1\sim10mm$, $L=0.1\sim3m$, $m_s/m_p=0.05\sim0.95$	一种新型的逆流露点 IEC
[53]	M-cycle 叉流 IEC	$t_{p,in}=25\sim40℃$, $RH_p=10\%\sim90\%$, $u_p=0.5\sim4.0m/s$, $m_s/m_p=0.1\sim0.9$, $s=2\sim20mm$, $L^*=50\sim600$	比普通叉流 IEC 效率高出 16.7%
[54]	M-cycle 叉流与逆流 IEC	$t_{p,in}=25\sim40℃$, $RH_p=50\%$, $V_p=130m^3/h$, $t_{p,in}=25\sim45℃$, $w_{p,in}=6.9\sim26.4g/kg$, $u_p=2.4m/s$, $m_s/m_p=0.33$	比较了 M-cycle 逆流与叉流 IEC 的性能

为分析 IEC 性能的综合影响因素以及配置复杂的换热结构，需建立更精确的专用模型来描述 IEC 内部的传热和传质机制。研究表明，当水流量不能满足热交换器壁面润湿性的要求时，IEC 内部壁面上不均匀的水流分布会降低一次空气和水膜之间以及水膜和二次空气之间的热量/质量传递速率，这最终会显著降低间接蒸发冷却器的效率。

现有的 IEC 模型一般通过假设完全润湿表面或者用系数来表示润湿面积比，难以准确评估热交换器表面的实际润湿性。Antonellis 等人[23]对间接蒸发冷却器进行了一系列详细的实验研究，为水泵系统设置了的三种不同配置并进行对比，并建立了换热器表面的润湿系数与实际进口参数之间的关联式，结果表明，采用所提出的润湿系数关系式可以大大降低出口气温的预测值和实验值之间的差异。

目前 IEC 中最常用的布水方式是喷淋水系统。在该方法中，湿通道的表面和二次空气被冷却，使得它们能够吸收相邻的干通道内一次空气的热量，从而使一次空气的温度下降。喷淋水布水方法在使用过程中会出现一些问题[55]：1）当二次空气的速度/压力较高且通道间距较大时，很难实现均匀的水流分布；2）使用喷嘴喷雾器难以获得均匀分配的水流量；3）过大的喷雾器的雾化能力，容易导致水循环泵的功率大于预期；4）循环水泵功率与蒸发所需水量不匹配；5）湿通道表面的亲水性能差，使得水不能在其表面均匀扩散。

为了更好地设计喷淋水系统并提高 IEC 的工作效率，需要有效的模型来描述湿通道内的气液两相流动。CFD 方法广泛用于不同装置中喷淋系统的性能研究，大多数模型采用欧拉-拉格朗日方法来描述湿空气中分散的水滴，其中连续相（空气）表示在欧拉参考系中，而离散相（水滴）表示在拉格朗日参考系中。Lacour[56]建立了一个描述热喷淋水分散过程中温度和含水量的三维分布模型，并分析了一些关键参数，例如喷射半径、喷嘴孔径、水-空气流速、喷嘴和热交换器之间的最佳距离等，水流量造成热交换器中通道堵塞的阈值由分散半径和蒸发速率决定。Montazeri 等人[57]采用欧拉-拉格朗日方法通过 CFD 模拟了蒸发冷却系统中的喷淋水，分析了连续相、粒子流数量和喷嘴喷射角的影响，并通过风洞实验证明了该模型用于预测蒸发过程的偏差小于 10%。

为解决上述问题，国内外学者进行了大量的研究和实验。Wang[58]研究了铝箔表面的润湿性，采用表面润湿因子估算壁面不完全润湿效果对 IEC 冷却性能的影响，通过实验定量测量了不同铝箔表面前进和后退接触角和保水能力，并发现在壁面上涂覆粗糙纤维可以增加保水性，并因此提高 IEC 的冷却效率。Zhou[55]对布水器的优化设计进行了研究，实验测试了适用于 IEC 的几种可用的布水器和布水模式，并分析了 IEC 的理论喷水量计算模型，提出了改善水分布均匀性的方法，包括增加通道间距、降低二次风速、通过斜纹或凹槽线提高湿壁面的保水能力、将布水器安装到适当的高度以及加配水网等。

热/质量交换介质（壁面材料）的特性对间接蒸发冷却（IEC）系统的性能以及系统的冷却效率有直接影响。与 DEC 不同的是，IEC 的湿通道发生热量和质量传递同时与 IEC 干燥通道发生的空气和"壁"之间的显热交换结合在一起。在 IEC 的湿通道中，需要能够吸收并维持水量的材料层以使水蒸发并引起相邻干通道的显热交换。通过增加壁与湿通道内二次空气之间的接触面积，增强干通道和湿通道之间的热量传递。在间接蒸发冷却器中，热交换壁面材料的吸湿能力、扩散性和蒸发能力会极大地影响润湿区域，从而影响 IEC 系统的冷却效率和性能。

Zhao 等人[59]研究了几种材料作为间接蒸发冷却器中的热交换壁面的潜力，包括金属、织物、陶瓷、沸石和碳，实验结果表明，材料的热传导系数和保水能力（孔隙率）对传热传质的影响较小，相反，材料的耐久性、与防水涂层的相容性、污染风险以及成本是更重要的问题，结果显示金属（铜或铝）的芯（烧结、网格、凹槽）是最合适的材料/结构。Xu 等人[60]研究了各种纤维编物（纺织品）的蒸发冷却效果，发现织物的毛细效应、扩散能力和蒸发能力分别比常规用于湿表面介质的牛皮纸高出 171%，298%，77%。

近年来，纤维材料，包括纤维素、椰壳、棕榈茎、黄麻、葫芦、牛皮纸等被开发使用[61-64]。总体而言，纤维具有良好的透水性，允许水在湿表面上扩散并产生良好的蒸发和传热效果。在纤维片的一侧，通过设置防水涂层或铝箔（片）以防止水分进入 IEC 的干通道内。Huang 等人[65]针对管式间接蒸发冷却器的布水不均匀问题，提出了布水器结构的改进，并采用吸水性材料进行实验研究，结果表明可以使热质交换效率提高 5%～8%。

3. IEC 节能潜力

近年来，国内外许多学者对 IEC 系统在不同地区进行了应用型研究，包括：评估单级 IEC 系统或 IEC 复合系统用于各种气候区域的住宅和商业应用的可行性，以及与 IEC 制造业相关的设备成本计算、节能潜力、投资回报、生命周期、基于碳排放的环境影响研究等。表 1-2 总结了 IEC 在不同地区建筑中的应用及节能效果。

IEC 在不同地区建筑中的应用及节能效果　　　　　　　　　表 1-2

文献	IEC 类型	建筑面积	风量	地点	季节节能特性
[67]	板式 IEC	—	4248m³/h	科威特	(12.4～6.3)×10³kWh
[68]	逆流露点 IEC	—	127m³/h	中国	13%～58%
[5]	叉流 IEC	—	1698m³/h	伊朗	55%
[44]	LDD-EC	260m²	1230m³/h	中国香港	23.5%
[69]	再生型 IEC	15m²	125m³/h	比利时	60%
[70]	叉流 M-cycle	—	—	美国	70%～90%

文献	IEC 类型	建筑面积	风量	地点	季节节能特性
[71]	LD+露点 IEC	500m²	—	韩国首尔	68%
[72]	IEC	154m²	3960m³/h	约旦	2169kWh/a
[73]	IEC-DX	212m²	—	中国北京	29.7%

IEC 系统的节能潜力被广泛研究。Maheshwari 等人[66]对 IEC 系统的现场测试结果进行了分析,该系统的风量为 4248m³/h,通过搜集科威特沿海和内陆地区的气象数据,对比了 IEC 和相同容量的传统空调在该气候条件下的制冷量和能耗,结果表明,在科威特内陆和沿海地区使用 IEC 系统,可实现的季节节能量分别为 12418kWh 和 6320kWh。Heidarinejad 等人[73]研究了两级 IEC/DEC 系统在伊朗各个气候区的可行性,并分析了热舒适、能耗和水耗。研究表明,与具有相同容量的传统机械式蒸汽压缩制冷系统相比,该系统可节能 60% 以上。Delfani 等人[5]通过实验研究了在伊朗 4 个城市使用 IEC 为传统空调系统进行预冷的效果,实验中用两个空气处理装置模拟室内热负荷和室外设计条件,基于实验数据和分析方法,评估了在制冷季节复合系统的性能和节能潜力,结果表明,使用 IEC 单元进行预冷可承担 75% 左右的总冷负荷,节能约 55%。

与消耗电能来驱动压缩机的传统空调制冷技术不同,IEC 仅依靠电力来驱动风机和水泵。文献数据中显示,空气经过 IEC 中干、湿通道所产生的压降分别为 60～185Pa 和 100～500Pa[96]。由于间接蒸发冷却器在建筑物中的应用范围不断扩大,降低 IEC 系统的功率成为越来越关注的要点。为了 IEC 系统设计中的空气压降和水泵能量消耗最小化,一些学者进行了相关研究。Moshari 等人[24]建立了 IEC 系统压降的分析解,综合考虑了间接蒸发冷却器的压降、功耗和湿球效率的影响,比较了干、湿通道中不同翅片高度造成的功率消耗差异。并且基于此研究,他们提出了一个考虑环境因素的水耗定义[26],称为无量纲水蒸发率（$DWER$）,它适用于炎热和干燥气候条件下对 IEC 系统中水蒸发率的定义。Woods 和 Kozubal[74]针对平板翅片型通道,提出了计算其理论压降和传热的方法,通过实验比较了气流通过各种通道间隔物的影响,结果表明,采用新型的波纹垫片可以改善传热并减少压降。

Chen 等人[75]关注了 IEC 系统的控制策略以及对能耗的影响,提出了适用于 IEC 的水输配系统的高低（H-L）控制策略,与传统的开关（on-off）控制相比,这种控制策略可以提供更高的热舒适性、更好的室内空气质量,并每年减少 11.3% 的能耗。

IEC 系统的经济效益也受到广泛关注。Sohani 等人[76]详细分析了 IEC 系统运行期间水和电的消耗,以及初始和运行成本。Navon 和 Arkin[77]研究了在以色列住宅楼中采用二级 DEC/IEC 系统带来的经济效益和热舒适性,通过计算 DEC/IEC 系统和 A/C 系统的年度运行成本（AE）以及估算初始投资成本来对比其生命周期成本,结果表明采用 DEC/IEC 系统可以实现可观的经济效益,并比传统 A/C 系统节省了大量的电费。Jaber 和 Ajib[71]为典型的地中海住宅建筑设计了间接蒸发式空调,并研究了与这种系统的经济效益。结果表明,建筑物的大部分冷负荷可以通过 IEC 单元来承担,如果将这种 IEC 系统安装在 50 万个地中海住宅楼中以代替传统机械式蒸汽压缩制冷系统,每年可节省 1.084×10^9 kWh 的电量,并减少 637873t 二氧化碳排放量,IEC 系统的投资回收期小于两年。

Duan 等人[72]基于 EnergyPlus 开发了一种的新型露点蒸发冷却器和蒸汽压缩式制冷复合系统的模型，并应用于中国不同气候分区下的建筑物，通过优化系统的运行方案，分析了该系统的性能、经济效益、环境影响以及人员的热舒适性。

1.1.2　蒸发冷却技术的分类及特点

蒸发冷却技术按照一次空气是否和喷淋水直接接触可分为直接蒸发冷却（DEC）和间接蒸发冷却（IEC）。近年来世界各地的学者们通过改造内部结构和改变基于传统板式热交换器的气流模式，开发了一些新型蒸发冷却装置和系统，使其冷却能力不受环境空气湿球温度的限制，能够实现出口气温低于湿球温度。这种新型蒸发冷却装置称为露点蒸发冷却器，主要包括再生蒸发冷却器（RIEC）和 M-cycle 蒸发冷却器。此外，一些混合式多级间接蒸发冷却系统也被提出，从而缩小了间接蒸发冷却技术在应用上的地区限制。

从应用的角度来看，在中东、亚洲、北美的炎热和（或）干旱气候地区，IEC/DEC 相关技术在建筑中得到了应用，并在文献中有对相关应用案例的研究。Maheshwari 等人[66]评估了商用板式 IEC 应用在科威特地区的节能潜力，根据沿海和内陆两个地区的天气数据，模拟结果表明 IEC 在两个地区 3～10 月的节能量分别为 12.4kWh 和 6.3kWh。Duan 等人[67]研究了逆流再生式 IEC 在中国不同地区的节能潜力，基于 REC 系统的实验数据和不同区域的小时制天气数据，分析了各种气候条件下 IEC 系统能够减少的建筑冷负荷和能耗量。Delfani 等人[5]通过实验测试了 IEC＋PUA（组合式空调器）复合系统在不同进口条件下的性能，并采用分析模型评估了该系统应用在伊朗地区的节能潜力。Steeman 等人[68]基于模拟研究，分析了 IEC 系统在比利时典型气候下的节能潜力，并通过实验测试研究了室内回风作为 IEC 系统的二次空气时带来的冷却效率，结果证明进口空气状态对 IEC 冷却效率无明显影响。然而，在气候温和的区域（例如欧洲），IEC 的应用受到限制，其销售量与建筑应用案例仍然很少[11]。

1. 传统间接蒸发冷却器

传统的间接蒸发冷却器包括板式、管式和热管式[78]，如图 1-3 所示。通常，板式 IEC 由一系列薄平行板组成，这些平板组装后形成交替的干、湿通道夹层[21]，分别称为一次空气通道和二次空气通道。板式 IEC 通过喷射水滴在湿通道中形成水膜，并借助湿表面上的水膜蒸发来冷却壁面，从而降低相邻干通道中一次空气的温度，加湿后的二次空气将被排出。

管式 IEC 的冷却原理与板式相同。其中，内管作为干通道，而管外部空间是湿通道，由喷淋水形成水膜覆盖外管并吸收管壁热量而使水分蒸发到二次空气当中，与板式 IEC 相比，管式 IEC 结构较复杂，但更易于清洁。

热管式 IEC 由冷凝器和蒸发器两部分组成。在蒸发器中，热管中的冷却介质（冷媒）吸收来自一次空气的热量并传递到冷凝器中，当二次空气（通过喷淋水蒸发冷却）经过该部分时，热管中的冷媒将被冷凝，返回到蒸发器中并重复该循环。该系统中，热管作为传递热量的结构，将显热从一次空气传递到二次空气中。

传统的单级 IEC 系统通常应用于炎热且干旱地区。Krüger 等人[79]在以色列 Sde Boqer 地区的一座建筑物中使用单级 IEC 进行被动降温，并进行了长期监测，与其他相同建筑进行比较。结果表明，在夜晚，单级 IEC 系统可将室内温度降到满足自适应热舒适范围的下

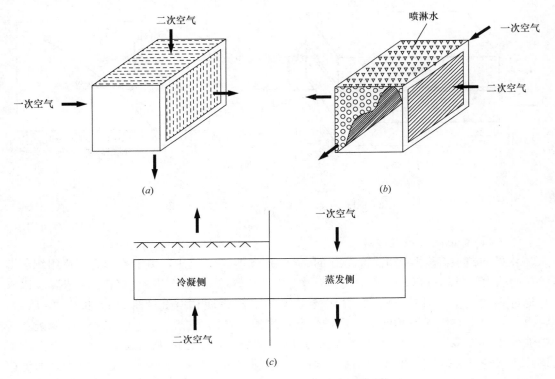

图 1-3　板式，管式和热管式 IEC 示意图
(*a*) 板式 IEC；(*b*) 管式 IEC；(*c*) 热管式 IEC

限。在我国，大多数单级 IEC 项目应用于西北地区，特别是夏季炎热且干旱的新疆地区，一系列的测试结果表明，采用单级 IEC 系统可满足纺纱车间和纺织厂的室内环境需求[80]。

2. 露点蒸发冷却器

传统的蒸发冷却器能够实现的最低出口温度是二次风的湿球温度，为了进一步降低出口温度并提高冷却效率，发明了露点蒸发冷却器。它能够将一次空气冷却到低于二次风的湿球温度并接近一次空气露点温度，主要有两种类型：再生蒸发冷却器（RIEC）和 M-cycle 蒸发冷却器。

（1）再生型间接蒸发冷却器（RIEC）

再生蒸发冷却器旨在通过再生一部分一次空气来提高传统间接蒸发冷却器的冷却效率。在 1979 年，Pescod[81]指出，通过将一部分一次空气分流到湿通道，可降低二次空气的湿球温度，这种蒸发冷却器由 Maclaine-cross 和 Banks[82]命名为再生蒸发冷却器（RIEC）。RIEC 采用类似传统板式 IEC 的结构，由彼此相邻的干通道和湿通道组成，一部分一次空气从干通道的出口流入湿通道，转变成湿通道中二次空气。RIEC 可降低二次空气的湿球温度，但由于一部分经过冷却的一次空气用作二次空气，总冷却容量降低。RIEC 的原理图和空气处理过程如图 1-4 所示。相关研究表明，当从干通道分流至湿通道的一次空气比例为 0.3 时，RIEC 的冷却能力最大[45]。当 $NTU=6$ 时，其湿球效率可高达 150%，一般采用露点效率来评判 RIEC 对空气的冷却效果，其表达式[83]为：

$$\eta_{\text{dew}} = \frac{t_{\text{p,in}} - t_{\text{p,out}}}{t_{\text{p,in}} - t_{\text{dew,s,in}}} \tag{1-1}$$

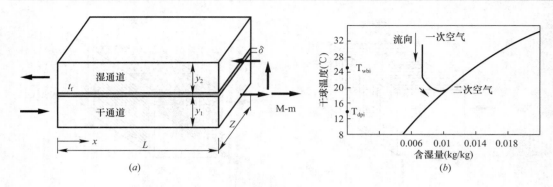

图 1-4 RIEC 系统

(a) RIEC 原理示意图;(b) RIEC 空气处理过程

(2) M-cycle 间接蒸发冷却器

M-Cycle 间接蒸发冷却器首先由 Maisotsenko 等人[84]提出,由于不同的气流组织创造了新的热力学循环过程,产出空气(一次空气)能够被冷却至进口空气的湿球温度以下并逼近露点温度。M-Cycle 间接蒸发冷却器的工作原理和空气处理过程如图 1-5 所示,它由一个一次空气通道和两个二次空气通道组成,在两个二次空气通道之间的薄板上规则地分布着许多小孔,与一次空气通道相邻的二次空气通道为湿通道,另一个为干通道。二次空气先经过板的干通道后逐渐通过板间分布的小孔进入湿通道,由于湿通道内水分蒸发的汽化潜热吸收板壁热量,可冷却相邻干通道内的气流。干通道内的工作气流(二次空气)被预冷,并通过孔不断从干通道转移到湿通道,使湿通道中工作气流的状态发生变化,湿球温度不断降低。在理想条件下(假设通道无限长),最后在干通道末端的工作气流的焓值接近进口空气露点温度的焓值,刚进入湿通道的冷空气温度为进口空气的露点温度。与传统的蒸发冷却相比,M-cycle 间接蒸发冷却器可以使湿球效率提高 10%~30%,根据相关测试[85],其湿球效率可高达 81%~91%,露点效率范围为50%~60%。

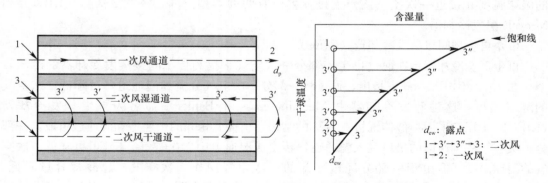

图 1-5 M-Cycle 蒸发冷却器的工作原理和空气处理过程

图 1-6 为叉流式露点间接蒸发冷却器的结构示意图,在热交换板中间部分有许多小孔,工作空气最初和产出空气一起先进入纵向干通道,相邻横向湿通道中水分蒸发吸收干通道中的热量而使其冷却,由于靠近中间部分的纵向干通道末端被封住,工作空气只能通

过干通道上的小孔钻到相邻的湿通道，并通过水分蒸发带走相邻干通道的热量，最后从横向湿通道板的两侧排出。另一部分干通道的末端开口，产出空气沿着纵向干通道被冷却，温度逼近室外空气的露点温度，但含湿量不变。实验测试表明，叉流式露点间接蒸发冷却器的湿球效率可达 110％～122％，露点效率可达 55％～85％[86]。

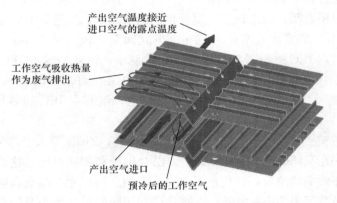

图 1-6　叉流式露点间接蒸发冷却器结构示意图

　　逆流露点 IEC 由 Zhao 等人[32]提出，旨在进一步提高 M-cycle 间接蒸发冷却器的冷却效率，其结构及空气处理过程如图 1-7 所示。不同于 M-cycle 间接蒸发冷却器，该换热器由多边形换热板层叠组成，干湿通道之间的孔隙位置在流动通道的末端，以确保空气在转移到湿通道之前完全冷却。在运行期间，产出空气和工作空气都直接进入干通道并且与相邻的湿通道进行显热交换。在通道的末端，产出空气被冷却到接近进口空气露点的程度，一部分产出空气被送到建筑空间，剩余的气流被送到相邻湿通道沿着与干通道空气流动相反的方向前进。与 M-cycle 间接蒸发冷却器相比，逆流露点 IEC 在相同的配置和环境条件下可提升 15％～23％的露点效率和湿球效率[88]。

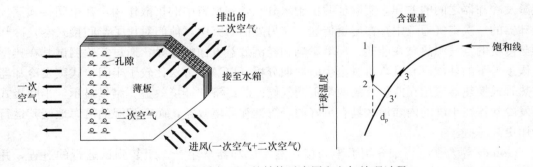

图 1-7　逆流露点 IEC 的结构示意图和空气处理过程

　　露点 IEC 因其特殊的结构具有较高的冷却效率，可以将空气温度降至接近露点温度，近年来引起了大量研究。Zhao 等人[32,59,88,89]建立了逆流式露点 IEC 的理论模型，并采用计算机模拟技术，通过有限元法对 IEC 中干、湿通道内空气、水和热交换板之间的传热传质控制方程进行耦合求解。根据该模型的预测结果，在英国，夏季空调室外空气设计工况

（干球温度：28℃，湿球温度：20℃）下，如果热交换器湿表面完全饱和，露点 IEC 的湿球效率可高达130％。并且，IEC 的通道尺寸、空气流速和二次/一次空气比对冷却效率和能效都具有很大影响，而水温的影响并不显著。Riangvilaikul 和 Kumar[31]对逆流露点 IEC进行了类似的数值研究，采用有限差分法和牛顿迭代法求解了控制方程，以模拟热交换器中发生的传热传质过程，获得通道内部的空气温度分布和湿度分布，并与实验数据[90]进行了验证。该研究还表明，在进口空气温度恒定的情况下，当进口空气湿度从 6.9g/kg 增至 26.4g/kg 时，IEC 的露点效率在 65％～86％之间变化较大。Bruno[91]对装有逆流平板式换热器的新型露点 IEC 进行了实验研究。结果显示，该新型露点 IEC 为商业建筑中的空调系统提供预冷时，平均出口空气温度为 17.3℃，并且可以实现 93％～106％的湿球效率，系统节能量在 52％～56％的范围内，对于住宅，该露点 IEC 的湿球效率在 118％～129％的范围内。

基于前人对逆流[59]和叉流[53]式露点 IEC 的研究，Zhan 等人[54]对两种不同流型的（逆流和叉流）M-循环 IEC 进行了对比研究，结合理论和实验对比了这两种热交换器在相同操作条件下冷却效率的差异，并优化了热交换器的几何尺寸。结果表明，模拟结果和实验结果之间的差异范围为 2％～10％，两种 IEC 在相同的尺寸大小及操作条件下，逆流式 M-循环 IEC 具有更好（约 20％）的冷却能力、更高（15％～23％）的露点和湿球效率；然而，叉流式 M-循环 IEC 具有更高（约 10％）的能效。

（3）半间接式蒸发冷却器

半间接式蒸发冷却器（Semi-IEC）使用无机多孔陶瓷作为热交换材料，而不采用金属。其孔的大小是专门设计和制造的，只有水分子能通过。由于这些孔的作用，热量和质量都可以在一次空气和二次空气之间进行传递，为建筑中的 A/C 系统提供了很大全热回收潜力。两种气流之间的传质速率取决于空气中水蒸气分压力，当一次空气的相对湿度较低时，管外的水蒸气将通过细孔转移到一次空气侧；如果一次空气的相对湿度较高，当管表面温度低于一次空气的露点温度时，则会产生除湿过程。

Martínez 等人[92-96]对比了采用陶瓷材料的半间接式蒸发冷却器与采用铝板的传统式间接蒸发冷却器之间的差异，实验证明由于水分在陶瓷材料中的扩散作用，在半间接式蒸发冷却器的一次空气通道中存在湿量传递。在另外的研究中，他们对比了半间接式蒸发冷却器与传统的空气源热泵在能耗、环境影响和经济效益方面的差异，通过实验测试其在典型气候条件下的性能。并且，通过全生命周期分析（LCA）方法比较了半间接式蒸发冷却器与热管式换热器应用在西班牙的两个不同气候区的经济和环境效益。结果显示，半间接式蒸发冷却器在干燥的内陆地区具有更好的经济性和环境效益，而在潮湿的沿海地区其运行费用更高一些。

Gómez 等人[97,98]详细介绍了半间接式蒸发冷却器从生产、组装到试运行的过程，并分析了在不同进口空气状态下的性能，其相比于直接蒸发冷却技术，具有清洁、无污染的特点，适合用于湿度较高的热带地区。此外，他们通过实验和理论分析比较了两个不同的半间接式蒸发冷却器的性能，一种（SIERCP）由竖直交错排列的陶瓷管构成，另一种（SIECHB）通过充满水的空心砖加工而成。结果表明，在相同进口空气状态下，SIECHB由于使用的陶瓷材料，具有更好传热传质性能。

Wang 等人[99]利用多孔陶瓷材料优良的亲水性和保水能力，设计并开发了一种多孔陶瓷管状 IEC 并进行性能测试。结果表明，保持 5min 持续的喷水量（150L/h）可以使管壁被完全湿润，并且系统能在之后的 100min 内维持稳定的冷却效率，该系统相对于传统的间接蒸发冷却器可以节省 95% 的水泵能耗，*COP* 值最高可达到 34.9。

3. 其他新型蒸发冷却器

以上所提到的间接蒸发冷却器以及复合系统在建筑的应用仍然受到一些地区限制。在高温高湿地区，传统的 IEC 采用室外潮湿空气作为二次空气时，受到较高湿球温度的阻碍，很难将室外高温且潮湿的空气冷却到所需温度。对于露点 IEC，它适用于凉爽和干燥气候下以显热负荷为主的建筑中，而在高温高湿地区，会受到室外空气较高露点温度的限制；而且，由于产生的一部分一次空气被抽到湿通道并且汽化后排出，导致新风没有被全部利用，且相比传统的 IEC 需要更大型号的风机，造成能量浪费。一些复合系统虽然具有较好的运行效果，却增加了系统初投资与附加设备的能耗。近年来，许多学者致力于研究新型 IEC，通过改进气流方案、运行模式、材料的几何形状和性质等，以克服现有 IEC 在实际应用中的局限性。

许多文献显示，通过改进气流方案可以在不改变空气含湿量的情况下实现 IEC 的更高效率。Riangvilaikul 和 Kumar[90] 提出了一种新的垂直配置的露点 IEC，其采用两股气流逆流换热的结构。实验验证表明，该方案下空气的出口温度降低，且对于各种入口条件，露点效率均在 58% ～ 84% 变化。Ham 等人[100] 提出了一种新型的露点 IEC（DPHX），它将一部分一次空气引入湿通道并完全替换所需的二次空气，干通道中的一次空气被相邻湿通道中水蒸发带走的潜热所冷却，一部分流回湿通道，其他干通道内的一次空气被送到室内空间。与传统的复合溶液除湿和露点 IEC 系统相比，LD＋DPHX 装置与溶液除湿系统结合使用，加权能源消耗量可降低 15%。Pandelidis 等人[101] 提出了两种新型 M-Cycle 间接蒸发冷却器（逆流与叉流组合），并将它们与传统的叉流 M-Cycle IEC 的冷却效率进行比较，通过实验验证，组合叉流和逆流的新型 M-Cycle IEC 具有更高的冷却性能。

近年来，间接蒸发冷却器中的换热芯体结构与材料特性也受到了广泛的研究。Kabeel 等人[102] 通过建立传热传质理论模型来研究逆流 IEC 在 5 种不同导流板间距下的出口空气温度变化，结果表明，在 IEC 干通道内部导流板数量为 15 时，可以表现出更好的热回收特性。Seung 等人[103] 通过一系列模拟比较了逆流 IEC 在单吹扫和四吹扫配置之间的性能，结果表明，在较长通道长度与 35% 的吹扫比配置下，可以获得最大的冷却能力。Boukhanouf 等人[104] 测试了一种新型再生 IEC，它将热管和多孔陶瓷模块集成到热交换壁面上，经过实验验证，该新型 IEC 可以实现的湿球效率为 0.8。

还有一些文献从实际应用的角度出发，研究了新型 IEC，包括成品 IEC 单元的不同使用方式与再生工作模式。Antonellis 等人[23] 建立了适用于商业建筑的 IEC 理论模型，其中二次空气的进气室与 8 个喷嘴均安装在热交换芯体的上部，该模型考虑了绝热加湿过程和实际板表面润湿性，并通过实验得到了广泛验证。Kim[105] 进行了 IEC 在实际建筑应用中不同运行模式下的性能对比，其中 IEC 的不同运行模式由 IEC 内部的气阀进行控制，二次空气可以通过 U 形流向进入湿通道。实验表明，在普通模式下 IEC 的冷却能力与湿球效率都要高出再生模式下的对应值。Li 等人[106] 研究了两种放置模式（垂直和水平）下叉流板式 IEC 的热性能。结果表明，当 IEC 在垂直放置模式下运行时，在恒定的空气流速下，出口温度比水平模式下降低 1.4～2.4℃，冷却能力可提高 24%～44%。

4. 复合间接蒸发冷却系统

IEC 冷却性能最显著的特点是对环境空气条件的高度依赖性。因此，IEC 的冷却性能在不同的气候区域和应用领域差异很大。在我国，不同地区应用 IEC 的可行性需要根据室外空气的湿球温度进行确定。单级 IEC 可在温暖、炎热且干燥的地区独立进行制冷，但是它并不适用于潮湿地区（湿球温度≥28℃)[87]。然而，单级 IEC 的冷却效率有限（$\eta_{wb} <$ 80%)，并且对气候条件有严格的要求，这些困难限制了它在冷负荷较大的项目中的应用。为了突破区域应用限制，在更多的气候条件下使用 IEC 满足不同地区的冷却需求，近年来相关学者设计和研究了各种 IEC 与其他空调冷却技术的复合系统。复合 IEC 冷却系统主要分为：无蒸汽压缩式制冷（MVCR）的复合冷却系统；与 MVCR 结合的能量回收系统。其中，无 MVCR 的复合冷却系统包括复合 DEC 和 IEC 系统（DEC/IEC）、溶液除湿和蒸发冷却复合系统。

（1）双级 DEC 和 IEC 系统（DEC/IEC）

复合 DEC 和 IEC 系统（DEC/IEC）是一个多级蒸发冷却系统，它使用附加的 DEC 或 IEC 来提高独立 IEC 系统的冷却效率。DEC/IEC 包括两级 IEC＋DEC 系统和三级 IEC＋IEC＋DEC 系统，复合 DEC 和 IEC 系统的结构示意图和空气处理过程如图 1-8 所示。在第一级 IEC 中，一次空气首先经过显热交换进行冷却，从状态点 1 到状态点 2，然后通过第二级 DEC 进一步冷却到状态点 3。三级 IEC＋IEC＋DEC 系统的一次空气出口温度将低于两级 IEC＋DEC 系统的出口温度，并且在相同的运行条件下远低于单级 IEC 系统。Heidarinejad 等人[73,107]提出了一种 IEC 和直接蒸发冷却（DEC）系统的混合系统，并进行了实验研究。根据在伊朗地区的模拟结果，与机械式蒸汽压缩制冷系统相比，该系统可实现 60% 的节能，而 DEC 系统的耗水量仅增加 55%。

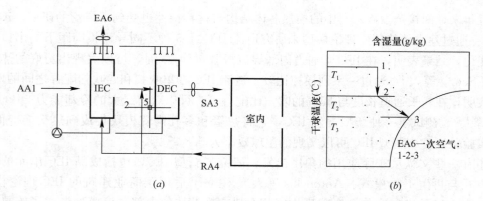

图 1-8 混合 DEC 和 IEC 系统结构示意图和空气处理过程

（a）结构示意图；（b）空气处理过程

AA—室外空气；SA—送风；RA—回风；EA—排风；IEC—间接蒸发冷却器；DEC—直接蒸发冷却器

复合 DEC/IEC 系统的性能通过实验测试、现场测量和理论建模得到了广泛的研究。代表性的相关研究总结如表 1-3 所示。

复合 DEC/IEC 相关研究总结　　　　　　　　　　　　　　　　表 1-3

系统	方法	结果	应用范围	文献
IEC/DEC	现场测试	η_{wb}：90%～120% Nu：150～450	科威特 （夏季 45℃）	[109]
IEC/DEC	理论建模	不同地区适用性	伊朗的多个气候区	[110]
IEC/DEC	实验	η_{wb}：108%～111% 节能 60% 耗水量增加 55%	伊朗的多个气候区	[74]
IEC/DEC	实验	η_{DEC}：71.9%～98.3% η_{wb}：74.3%～119.5% Q_{DEC}：3240～45427kJ/h Q_{system}：4679～43771kJ/h	t_p：39～43℃； RH_p：37%～46%； m_p：0.078～1.011kg/s	[51]
IEC/DEC	理论模型	η_{wb}：76%～81%；水蒸发率	伊朗的多个气候区	[26]
IEC/DEC	理论模型	为伊朗一些不适用 DEC 的地区提供热舒适	伊朗的多个气候区	[108]
IEC+IEC+DEC	现场测试	$t_{p,out}$：14.3～16℃； $t_{wb,p,out}$：13.5～14.5℃ $t_{outdoor}$：35.2～37℃	t_p：35.2～37℃； $t_{wb,p}$：18.5～20℃	[111]
IEC+IEC+DEC	现场测试	$t_{p,out}$ 达到 14.5℃ 能耗：26.1kW	中国新疆地区 $V_p=40,000m^3/h$	[112]

　　总之，研究表明 DEC/IEC 复合系统可以极大提高蒸发冷却效率（η_{wb}：75%～120%），出口空气温度甚至可以低于二次风的湿球温度。在干旱地区，复合系统可以提供低于 14℃的冷却空气，因此，它能以更低的运营成本完全取代 MVAC 系统。祝大顺等人[112]的现场实测数据表明，DEC/IEC 复合系统的能耗仅为 7.4W/m²，远低于 MVAC 系统的 40W/m²。然而，DEC/IEC 复合系统体积巨大，限制了在实际项目中的应用。

　　（2）溶液除湿和蒸发冷却复合系统

　　为克服蒸发冷却技术在潮湿地区应用的限制，研究人员提出了溶液除湿和蒸发冷却复合系统。该系统首先利用溶液除湿对空气进行干燥，降低所处理空气的湿度，再利用蒸发冷却技术对空气进一步冷却。溶液除湿和蒸发冷却复合系统可以实现对温湿度的独立控制，将空气处理到所需的温湿度范围。此外，低品位能源的应用使其成为绿色、可持续的冷却技术，当采用太阳能或废热作为再生热源时，运营成本显著降低，并能增加空调系统对偏远地区的可及性。

　　溶液除湿和蒸发冷却复合系统是近十年来研究的热点之一。该研究包括理论和实验方面的可行性研究、性能分析和优化。在可行性研究方面，Jain 等人[113]评估了印度 16 个典型城市室内能够达到标准规定舒适条件的保证率，结果发现，Dunkle 循环适用于各种环境条件。Mavroudaki 等人[114]研究了欧洲不同城市（不同气候带）的太阳能溶液除湿和蒸发冷却复合系统的适用性，结果显示，在所有气候区复合系统的应用都可以实现节省一次能源的目的，但在潮湿地区节能效果降低。Kim 等人[115]采用能耗模拟软件（TRNSYS 和方程求解器）研究了利用太阳能热水系统用于溶液再生的溶液除湿和蒸发冷却复合系统的节能潜力，与传统的 VAV 空调系统相比，其节能率可达 51%。Luo 等人[116]研究了溶液除湿和蒸发冷却复合系统应用在我国香港的节能潜力。

许多学者采用现场测量或实验室测试的方法研究了溶液除湿和蒸发冷却复合系统的运行性能。Finocchiaro 等人[117]提出了太阳能辅助溶液除湿和蒸发冷却复合系统，根据位于巴勒莫大学太阳能实验室的一个实际项目，收集并分析了相关数据。La 等人[118]提出了一种新型溶液除湿和蒸发冷却复合系统，它由两级溶液除湿和 RIEC 组成，旨在生产冷水和干燥空气，相关实验研究在三类室外条件（温和、湿润、高湿度）下进行，结果表明系统供应的冷水温度范围为 15～20℃，可作为辐射空调的载冷剂。

一些专家学者对除湿和蒸发冷却复合系统运行条件的优化进行了一系列实验和理论工作。Goldsworthy 和 White[119]通过建立两个不同系统的传热和传质方程，分析了复合固体干燥剂和蒸发冷却系统的性能，结果表明，当再生温度为 70℃、供给/再生流量比为 0.67、二次/一次空气流量比为 0.3、COP 大于 20 时，系统性能最佳。Enteria 等人[120]通过㶲分析方法评估了除湿和蒸发冷却复合系统的性能，结果表明，加热盘管、风机和除湿转轮会产生较大的㶲增。El Hourani 等人[121]设计并研究了固体干燥剂和两级蒸发冷却复合系统的性能，结果表明，复合系统能在节省能耗和水耗的同时，可保证室内的热舒适性。Gao 等人[122]通过实验建立了溶液除湿与 M-cycle IEC 的复合系统，为了在 M-cycle IEC 中实现较高的传热传质性能，优化结果表明，供水流量和喷淋水流量之比应为 5。Chen 等人[44]提出了一种新型太阳能辅助溶液除湿与再生型间接蒸发冷却器的复合系统（LDD-RIEC），该系统也适用于通过采用空气和水进行制冷的半集中式空调系统，通过建立精确的微分方程模型，并考虑除湿器与再生器之间溶液温度与浓度的闭环关系，推导出最佳二次空气与总空气比为 0.3。

（3）其他空调技术与间接蒸发冷却的复合系统

为了突破 IEC 的地区使用限制，在更多的气候条件下应用 IEC 技术，研究人员提出将 IEC 与其他空调制冷技术相结合的复合系统，并开展了可行性研究。Zhou 等人[28]提出了一种结合 IEC 和热电冷却技术（TEC）的新型混合制冷系统，其中 TEC 模块布置在叉流平板 IEC 的相邻通道之间，该系统可以将一次空气冷却到更低的温度，在潮湿或温和的气候区域具有很大的应用潜力。Kabeel 等人[102]提出了一种新型的 IEC 和蒸发冷凝器的复合系统，通过实验分析了 IEC 作为预冷单元，其对蒸发冷凝器性能的影响，结果表明，采用内部具有导流片及外部具有薄膜棉层的 IEC 可以提高蒸发冷凝器 35.4％～54.2％的制冷容量。Khalajzadeh 等人[123]提出了一种新型的地埋管换热器与 IEC 的复合系统，通过垂直地埋盘管对进入 IEC 之前的空气进行预冷，CFD 模拟结果表明，该复合系统在德黑兰地区应用能够为室内空间提供合适的舒适热环境，并且具有清洁高效的特点。Moien 等人[124-125]提出了一种结合夜间辐射冷却与间接蒸发冷却的复合系统，在夜晚，水从水箱流入辐射面板，利用夜晚天空的辐射作用使水温降低，在白天，水箱中的水作为冷剂流入冷却盘管，为两级蒸发冷却装置预冷室外新风，模拟结果显示，该复合系统能应用于一些间接蒸发冷却技术不适用的炎热地区。Liu 等人[126]针对具有较高热负荷的数据中心，提出了一种露点蒸发冷却器与热管技术相结合的制冷系统，通过计算分析了该系统相对于传统蒸气压缩式制冷系统节能 90％，且复合系统 COP 值为 33～34。

1.2　空调系统间接蒸发冷却能量回收

在常规的舒适性空调系统设计中，室内设计温度一般为 22～26℃，相对湿度为 50％～

60%。因此，空调回风的湿球温度较低，为用蒸发冷却器进行新风预冷提供了热回收潜力。在我国高温高湿的沿海地区，如香港，夏季的干球温度可达32℃，湿球温度可达到28℃，而室内回风温度容易低于潮湿新风的露点温度，间接蒸发冷却的应用能够通过全热交换为新风除湿，并使新风温度降低至露点温度以下。间接蒸发冷却器仅依靠风机和水泵从水蒸发过程中获取冷量，可以减少40%～50%的空调系统能耗，大大减少温室气体的排放，且具有低能耗、易维护、无交叉污染的优势。空调系统间接蒸发冷却能量回收系统（Energy Recovery System of Indirect Evaporative Cooling，ERIEC）能够进行空调系统全热回收，在我国东南沿海热湿地区，有着非常广阔的应用前景。

1.2.1 ERIEC空调技术的基本原理

ERIEC空调技术采用基于蒸发冷却原理的间接蒸发冷却器，充分回收来自空调回风中的冷量用于预冷新风，从而降低整个空调系统的能耗，减少氯氟烃类制冷剂的使用。系统示意图和空气处理过程如图1-9所示，复合冷却系统由IEC和MVCR组成，安装在AHU或空调系统冷冻盘管之前的IEC用于预冷送入的新鲜空气，回收室内回风的冷量[4]，在该系统中，来自空调空间的冷却且干燥的回风用作二次空气。一次空气由IEC预冷后再送入AHU或经过风机盘管（配备冷冻水或制冷剂）被进一步冷却，从而节省了空调系统压缩机、冷水泵和冷却水泵的运行能耗。

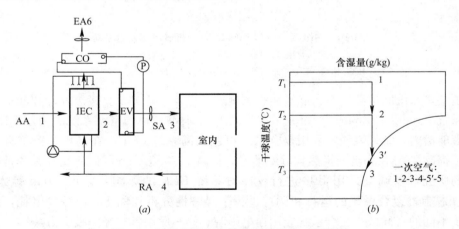

图1-9 间接蒸发冷却能量回收系统（ERIEC）

（a）系统流程图；（b）空气处理过程

AA—室外空气；SA—送风；RA—回风；EA—排风；IEC—间接蒸发冷却器；EV—蒸发器盘管；P—压缩机

由于机械制冷和间接蒸发冷却的复合系统可以满足大多数应用场合的需求，近年来成为关注的热点，应用较为广泛。间接蒸发冷却和冷却盘管整装机组的测试报告[127]显示，在加州地区日最高气温超过37.8℃的典型日测试工况下，间接蒸发能够先将室外空气预冷至18.3～22.2℃，再经过冷却盘管的进一步冷却，送风温度能降低至15℃以下。Delfani等人[5]对IEC作为预冷单元与PUA相结合进行了实验研究，结果表明，与MVCR相比，此复合系统在较差气候条件下节能25%，在最佳运行条件下能够节能68%。Cianfrini等人[6]数值模拟了IEC与机械制冷/再加热装置相结合的性能，结果表明，所提出的复合系统可使系统能耗降低40%～60%，并基于数值模型，开发了一组与工程计算相关的无量纲经验方程用来计算复合系统的冷却效率。Cui 等人[128-130]建立了 IEC 复合系统的理论模型，利用室内回风作为二次空气，研究了 IEC 中的传热传质过程以及一次空气发生的冷凝情况，结果显示，在潮湿地区，该系统中的 IEC 可以承担 35%～47%的室内冷负荷。Porumb 等人[131]对罗马尼亚克卢日纳波卡办公楼的空调系统能耗进行了 IEC 节能潜力评估，表明采用间接蒸发冷却能量回收技术能使能耗降低近 80%。

当间接蒸发冷却能量回收技术应用在冷藏室等需要超低温空气的特殊场合时，可以采用两级蒸发冷却和机械冷却系统的复合形式。该复合系统的系统流程图和空气处理过程如图 1-10 所示。其中，两级 IEC 用作空气预冷装置[123]，复合系统比传统的两级蒸发冷却系统具有更高的冷却效率，与 MVCR 相比能够节能 75%～79%，但系统设计较复杂[124]。

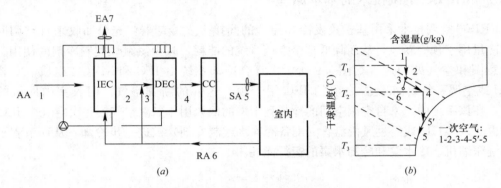

图 1-10　两级蒸发冷却 IEC/DEC 和机械冷却复合系统
(a) 系统流程图；(b) 空气处理过程
AA—室外空气；SA—送风；RA—回风；EA—排风；IEC—间接蒸发冷却器；DEC—直接蒸发冷却器；CC—冷却盘管

除了空调系统间接蒸发冷却能量回收系统外，也有一些关于直接蒸发冷却和机械冷却的复合系统。Jiang 和 Zhang[132]研究了在我国 15 个典型城市的空调系统中使用 DEC 进行预冷的节能潜力，结果表明，采用复合系统可以提高系统 COP，在乌鲁木齐（炎热且干燥地区）提高 47%，香港（炎热且潮湿地区）提高 13.7%。You 等人[133]在天津地区进行了类似的研究，以调查采用 IEC 进行预冷对系统 EER 的影响。Varun Jain 等人[134]对 DEC 和机械制冷复合系统的运行和调控进行了经济性分析和优化，以减少电耗，结果表明，对于不同的气候区，复合系统应用在电影院和候车厅中具有经济吸引力。

这些研究证明，空调系统间接蒸发冷却能量回收系统在节能和经济效益上极具吸引力。这项技术的优点有：第一，将高效环保的间接蒸发冷却用于热回收，大大减少了空调的能耗；第二，利用复合空调系统的设计，打破了间接蒸发冷却的地域限制，使其在热湿地区也能充分发挥节能环保的优势；第三，传统的转轮热回收技术能耗较高，维护费用高，有交叉污染和不可避免的漏风问题，而将间接蒸发冷却器用于热回收取代转轮可以很好地解决以上问题。

1.2.2　ERIEC 空调系统的构成

图 1-11 为利用间接蒸发冷却器进行全热回收的空调系统示意图。此复合空调系统由间接蒸发冷却机组和新风处理机组成。间接蒸发冷却机组由多通道的空气-空气换热器、循环水泵、水箱、布水装置和喷头组成。换热器通道被分为一次空气通道（所

需的冷空气）和二次空气通道（被加湿不用的空气）。一次空气为室外的新风，二次空气为空调房间低温低湿的排风。喷淋水喷洒到二次空气通道内，在壁面形成均匀的湿膜。二次空气和湿膜发生热质交换后，壁面被冷却，二次空气被加湿排出室外；与二次空气用壁面相隔的一次空气被壁面冷却。若进口新风湿度大，其露点温度高于壁温，新风冷凝除湿；若进口新风湿度较小，其露点温度低于壁温，新风仅温度降低而含湿量不变。被预冷的新风被送进新风处理机，进一步降温除湿，直至达到设定的送风温度。新风处理机使用蒸汽压缩式制冷机产生的冷水进行处理。最终，经过两次处理的空气送入室内。

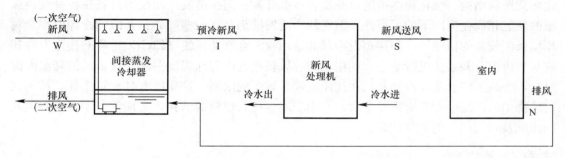

图 1-11　利用间接蒸发冷却器进行全热回收的空调系统

图 1-12 显示了新风在间接蒸发冷却器冷凝的情况下，复合空调系统空气处理的焓湿图。点 W 到点 D，点 D 到点 I 是新风在间接蒸发冷却器中的降温除湿过程。点 I 到点 S 是预冷的新风送入空气处理机后，进一步降温除湿的过程。点 S 到点 N 是送风消除室内热湿负荷的过程。图 1-12 中，E_{IEC} 是新风在间接蒸发冷却器中的焓降，E_{AHU} 是新风在新风处理机中的焓降，E_{IEC} 是新风所需的总焓降。间接蒸发冷却器的能耗 W_{IEC} 可以由 E_{IEC}/COP_{IEC} 计算，而空气处理机的能耗 W_{AHU} 可以由 E_{AHU}/COP_{AHU} 计算。复合系统的总能耗为 $W_{IEC} + W_{AHU}$。

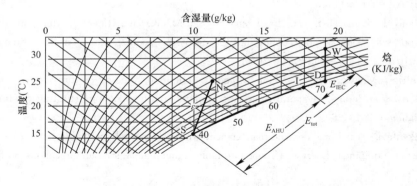

图 1-12　复合空调系统空气处理焓湿图（有冷凝发生）

1.3　本章小结

本章概述了间接蒸发冷却（IEC）技术的背景、研究现状和应用潜力，并对其未来发展前景和商业化进程中的困难进行了关注与讨论。首先，基于间接蒸发冷却技术的原理，介绍了 IEC 传热传质过程数学模型的发展，并列举了一些关于其换热性能主要影响因素的研究；其次，根据目前 IEC 技术的分类及特点，介绍了目前广泛研究的多种间接蒸发冷却器类型，包括传统型、露点型、新型 IEC 和复合间接蒸发冷却系统；最后，针对间接蒸发冷却技术在潮湿地区应用的局限性，介绍了一种间接蒸发冷却能量回收复合空调系统（ERIEC），该项技术可用于高温高湿地区并有着显著的节能效果。

近年来，越来越多的相关研究使得间接蒸发冷却技术取得了重大进展，主要包括：优化热交换器结构、强化换热措施以及复合系统开发。间接蒸发冷却技术具备在各种气候区域的住宅和商业应用下的可行性，但它的广泛发展仍存在一些障碍：有限的冷却效率、对环境条件较高的依赖性。间接蒸发冷却能量回收复合空调系统（ERIEC）将间接蒸发冷却技术与传统空调系统进行结合，利用空调排风较高的干湿球温度差来实现新风的降温除湿过程，突破了传统蒸发冷却技用在使用气候区域上的限制。这项技术对于促进 IEC 技术在建筑物中的广泛应用具有重要意义，有助于减少化石燃料的消耗，实现低（零）空调能耗的建筑及相关的节能减排计划。

本章参考文献

［1］　Enerdata Global Energy Statistical Yearbook. https：//yearbook. enerdata. net/total-energy/world-consumption-statistics. html，2015.

［2］　J. R. Watt，W. K. Brown. Evaporative air conditioning handbook （3rd ed）. USA：The Fairmont Press，1997.

［3］　Z. Duan *et al.*，Indirect evaporative cooling：Past，present and future potentials. Renewable and Sustainable Energy Reviews，2012，16 （9）：6823-6850.

［4］　P. Chen，H. Qin，Y. Huang，H. Wu，and C. Blumstein. The energy saving potential of pre-cooling incoming outdoor air by indirect evaporative cooling，proceedtngs of the 1993 winter meeting of ASHRAE Transactions，1992.

［5］　S. Delfani，J. Esmaeelian，H. Pasdarshahri，and M. Karami. Energy saving potential of an indirect evaporative cooler as a pre-cooling unit for mechanical cooling systems in Iran. Energy and Buildings，2010，42 （11）：2169-2176，2010.

［6］　C. Cianfrini，M. Corcione，E. Habib，and A. Quintino. Energy performance of air-conditioning systems using an indirect evaporative cooling combined with a cooling/reheating treatment. Energy and Buildings，2014，69：490-497.

［7］　G. Wilkenfeld. A national demand management strategy for small airconditioners. The National Applicance and Equipment Energy Efficiency Committee and The Australian Greenhouse Office，Canberra，ACT，2004.

［8］　C. Wang，X. Huang，and Z. -X. Wu. Researches on the Evaporative Cooling Air Conditioning Standard of Utilizing Renewable Energy Dry Air Cooling. Bioinformatics and Biomedical Engineering （iCBBE），2010 4th International Conference，2010.

［9］　Y. Song，W. Long，and X. Huang. Evaporative cooling air conditioning technology based on low-carbon economy. Heating，Ventilation and Air conditioning，2010，40 （7）：55-7.

［10］　G. J. Bom，R. Foster，E. Dijkstra，and M. Tummers. Evaporative air-conditioning：applications for environmentally friendly cooling. The World Bank, 1999.

[11] Z. Y. Duan *et al.*. Indirect evaporative cooling: Past, present and future potentials. Renewable & Sustainable Energy Reviews, 2012, 12 (9): 6823-6850.

[12] F. Yu and K. Chan. Application of direct evaporative coolers for improving the energy efficiency of air-cooled chillers. Journal of Solar Energy Engineering, 2005, 127 (3): 430-433.

[13] Y. Xuan, F. Xiao, X. Niu, X. Huang, and S. Wang. Research and application of evaporative cooling in China: A review (I)-Research. Renewable and Sustainable Energy Reviews, 2012, 16 (5): 3535-3546.

[14] I. L. Maclainecross and P. J. Banks. A general-theory of wet surface heat-exchangers and. ITS application to regenerative evaporative cooling. Journal of Heat Transfer-Transactions of the Asme, 1981, 103 (3): 579-585, 1981.

[15] P. J. Erens and A. A. Dreyer. Modeling of indirect evaporative air coolers. International Journal of Heat and Mass Transfer, 1993, 36 (1): 17-26.

[16] J. Alonso, F. J. R. Martinez, E. V. Gomez, and M. Plasencia. Simulation model of an indirect evaporative cooler. Energy and Buildings, 1998. 29 (1): 23-27, Dec 1998.

[17] D. Pescod. Effects of turbulence promoters on the performance of plate heat exchangers. Heat Exchangers: Design and Theory Sourcebook, 1974: 601-615.

[18] N. J. Stoitchkov and G. I. Dimitrov. Effectiveness of crossflow plate heat exchanger for indirect evaporative cooling. International Journal of Refrigeration-Revue Internationale Du Froid, 1998, 21 (6): 463-471.

[19] P. Chen, G. Qin, Y. Huang, and H. Wu. A heat and mass transfer model for thermal and hydraulic calculations of indirect evaporative cooler performance. ASHRAE Transactions, 1989.

[20] J. Facao and A. C. Oliveira. Thermal behaviour of closed wet cooling towers for use with chilled ceilings. Applied Thermal Engineering, 2000, 20 (13): 1225-1234, Sep 2000.

[21] Z. Liu, W. Allen, and M. Modera. Simplified thermal modeling of indirect evaporative heat exchangers. Hvac&R Research, 2013, 19 (3): 257-267.

[22] R. Chengqin and Y. Hongxing. An analytical model for the heat and mass transfer processes in indirect evaporative cooling with parallel/counter flow configurations. International Journal of Heat and Mass Transfer, 2006, 49 (3): 617-627.

[23] S. De Antonellis, C. M. Joppolo, P. Liberati, S. Milani, and F. Romano. Modeling and experimental study of an indirect evaporative cooler. Energy and Buildings, 2017, 142 (1): 147-157.

[24] S. Moshari and G. Heidarinejad. Analytical estimation of pressure drop in indirect evaporative coolers for power reduction. Energy and Buildings, 2017, 150 (9): 149-162.

[25] G. Heidarinejad and S. Moshari. Novel modeling of an indirect evaporative cooling system with cross-flow configuration. Energy and Buildings, 2015, 92 (4): 351-362.

[26] S. Moshari, G. Heidarinejad, and A. Fathipour. Numerical investigation of wet-bulb effectiveness and water consumption in one-and two-stage indirect evaporative coolers. Energy Conversion and Management, 2016, 108 (1): 309-321.

[27] Y. Min, Y. Chen, and H. Yang. Numerical study on indirect evaporative coolers considering condensation: A thorough comparison between cross flow and counter flow. International Journal of Heat and Mass Transfer, 2019, 131 (3): 472-486.

[28] Y. Zhou, T. Zhang, F. Wang, and Y. Yu. Performance analysis of a novel thermoelectric assisted indirect evaporative cooling system. Energy, 2018, 162 (11): 299-308.

[29] C. Zhan，Z. Duan，X. Zhao，S. Smith，H. Jin，and S. Riffat. Comparative study of the performance of the M-cycle counter-flow and cross-flow heat exchangers for indirect evaporative cooling-Paving the path toward sustainable cooling of buildings. Energy，2011，36 (12)：pp. 6790-6805，2011/12/01/ 2011.

[30] J. Woods and E. Kozubal. A desiccant-enhanced evaporative air conditioner：Numerical model and experiments. Energy Conversion and Management，2013，65 (1)：208-220.

[31] B. Riangvilaikul and S. Kumar. Numerical study of a novel dew point evaporative cooling system. Energy and Buildings，2010，42 (11)：2241-2250.

[32] X. Zhao，J. Li，and S. Riffat. Numerical study of a novel counter-flow heat and mass exchanger for dew point evaporative cooling. Applied Thermal Engineering，2008，28 (14-15)：1942-1951.

[33] J. Facao and A. C. Oliveira. Heat and mass transfer in an indirect contact cooling tower：CFD simulation and Experiment. Numerical Heat Transfer Part a-Applications，2008，54 (10)：933-944.

[34] R. Herrero Martin. Numerical simulation of a semi-indirect evaporative cooler. Energy and Buildings，2009，41 (11)：1205-1214.

[35] Z. D. -s. Z. Jing-wei，W. Z. -j. L. Yuan-xi，and J. Xiang. CFD Simulation and Investigation into Heat Transfer for Falling Film with Two-Phase Flow in Plate-Type Evaporative Condenser. Journal of South China University of Technology (Natural Science Edition)，2008，7：4.

[36] Y. Wan，C. Ren，Z. Wang，Y. Yang，and L. Yu. Numerical study and performance correlation development on counter-flow indirect evaporative air coolers. International Journal of Heat and Mass Transfer，2017，115 (12)：826-830.

[37] Y. Wan，C. Ren，and L. Xing. An approach to the analysis of heat and mass transfer characteristics in indirect evaporative cooling with counter flow configurations. International Journal of Heat and Mass Transfer，2017，108 (5)：1750-1763.

[38] C. -q. REN and L. -a. ZHANG. Used CFD for the three-dimensions numerical simulation of the indirect evaporative cooler. Energy Conservation，2005，6：3.

[39] X. Cui，K. J. Chua，and W. M. Yang. Numerical simulation of a novel energy-efficient dew-point evaporative air cooler. Applied Energy，2014，136 (12)：979-988.

[40] J. Lin，R. Z. Wang，M. Kumja，T. D. Bui，and K. J. Chua. Multivariate scaling and dimensional analysis of the counter-flow dew point evaporative cooler. Energy Conversion and Management，2017，150 (10)：172-187.

[41] S. Anisimov，D. Pandelidis，A. Jedlikowski，and V. Polushkin. Performance investigation of a M (Maisotsenko)-cycle cross-flow heat exchanger used for indirect evaporative cooling. Energy，2014，76 (11)：593-606.

[42] S. Anisimov，D. Pandelidis，and J. Danielewicz. Numerical study and optimization of the combined indirect evaporative air cooler for air-conditioning systems. Energy，2015，80 (2)：452-464.

[43] D. Pandelidis and S. Anisimov. Numerical analysis of the heat and mass transfer processes in selected M-Cycle heat exchangers for the dew point evaporative cooling. Energy Conversion and Management，2015，90 (1)：62-83.

[44] Y. Chen，H. Yang，and Y. Luo. Investigation on solar assisted liquid desiccant dehumidifier and evaporative cooling system for fresh air treatment. Energy，2018，143 (1)：114-127.

[45] J. Lee and D. -Y. Lee. Experimental study of a counter flow regenerative evaporative cooler with finned channels. International Journal of Heat and Mass Transfer，2013，65 (10)：173-179.

［46］ Y. Chen，H. Yang，and Y. Luo. Indirect evaporative cooler considering condensation from primary air：Model development and parameter analysis. Building and Environment，2016，95（1）：330-345.

［47］ N. Stoitchkov and G. Dimitrov. Effectiveness of crossflow plate heat exchanger for indirect evaporative cooling：Efficacité des échangeurs thermiques à plaques，à courants croises pour refroidissement indirect évaporatif. International journal of refrigeration，1998，21（6）：463-471.

［48］ J. S. J. Alonso，F. R. Martinez，E. V. Gomez，and M. A. -G. Plasencia. Simulation model of an indirect evaporative cooler. Energy and buildings，1998，29（1）：23-27.

［49］ X. Guo and T. Zhao. A parametric study of an indirect evaporative air cooler. International communications in heat and mass transfer，1998，25（2）：217-226.

［50］ H. M. Hettiarachchi，M. Golubovic，and W. Worek. The effect of longitudinal heat conduction in cross flow indirect evaporative air coolers. Applied Thermal Engineering，2007，27（11-12）：1841-1848.

［51］ K. RK and S. Rajput. Performance evaluation of two stage indirect/direct evaporative cooler with alternative shapes and cooling media in direct stage. 2010.

［52］ D. Pandelidis，A. Cichoń，A. Pacak，S. Anisimov，and P. Drag. Performance comparison between counter- and cross-flow indirect evaporative coolers for heat recovery in air conditioning systems in the presence of condensation in the product air channels. International Journal of Heat and Mass Transfer，2019，130（3）：757-777.

［53］ C. Zhan，X. Zhao，S. Smith，and S. B. Riffat. Numerical study of a M-cycle cross-flow heat exchanger for indirect evaporative cooling. Building and Environment，2011，46（3）：657-668.

［54］ C. Zhan，Z. Duan，X. Zhao，S. Smith，H. Jin，and S. Riffat. Comparative study of the performance of the M-cycle counter-flow and cross-flow heat exchangers for indirect evaporative cooling-paving the path toward sustainable cooling of buildings. Energy，2011，36（12）：6790-6805.

［55］ Z. Bin and H. Xiang. Effects of Water Sprays in Indirect Evaporative Coolers on Heat and Mass Transfer . Building Energy & Environment，2003，22（5）：24-26.

［56］ S. O. L. Lacour，F. Trinquet，P. E. Vendee，A. Vallet，A. Delahaye，and L. Fournaison. Assessment of the wet area of a heat exchanger exposed to a water spray. Applied Thermal Engineering，2018，128（1）：434-443.

［57］ H. Montazeri，B. Blocken，and J. Hensen. Evaporative cooling by water spray systems：CFD simulation，experimental validation and sensitivity analysis. Building and environment，2015，83：129-141.

［58］ T. A. Wang，R. L. Reid，and Ashrae. Surface wettability effect on an indirect evaporative cooling system. Ashrae Transactions，1996，102（1）：427-433.

［59］ X. Zhao，S. Liu，and S. Riffat. Comparative study of heat and mass exchanging materials for indirect evaporative cooling systems. Building and Environment，2008，43（11）：1902-1911.

［60］ P. Xu，X. Ma，X. Zhao，and K. S. Fancey. Experimental investigation on performance of fabrics for indirect evaporative cooling applications. Building and Environment，2016，110：104-114.

［61］ F. Al-Sulaiman. Evaluation of the performance of local fibers in evaporative cooling. Energy conversion and management，2002，43（16）：2267-2273.

［62］ M. Barzegar，M. Layeghi，G. Ebrahimi，Y. Hamzeh，and M. Khorasani. Experimental evaluation of the performances of cellulosic pads made out of Kraft and NSSC corrugated papers as evaporative media. Energy Conversion and Management，2012，54（1）：24-29.

[63] J. Jain and D. Hindoliya. Experimental performance of new evaporative cooling pad materials. Sustainable Cities and Society, 2011, 1 (4): 252-256.

[64] A. Malli, H. R. Seyf, M. Layeghi, S. Sharifian, and H. Behravesh. Investigating the performance of cellulosic evaporative cooling pads. Energy Conversion and Management, 2011, 52 (7): 2598-2603.

[65] H. Xiang, Z. Bin, Y. Xiangyang, and Z. Xinli. Experimental study on water distribution uniformity of tubular indirect evaporative coolers. Heating Ventilating & Air Conditioning, 2006, 12: 15.

[66] G. Maheshwari, F. Al-Ragom, and R. Suri. Energy-saving potential of an indirect evaporative cooler. Applied Energy, 2001, 69 (1): 69-76.

[67] Z. Duan, X. Zhao, C. Zhan, X. Dong, and H. Chen. Energy saving potential of a counter-flow regenerative evaporative cooler for various climates of China: Experiment-based evaluation. Energy and Buildings, 2017, 148: 199-210.

[68] M. Steeman, A. Janssens, and M. De Paepe. Performance evaluation of indirect evaporative cooling using whole-building hygrothermal simulations. Applied Thermal Engineering, 2009, 29 (14-15): 2870-2875.

[69] A. Economization, U. Indirect, and E. Cooling. NSIDC Data Center: Energy Reduction Strategies.

[70] M. -H. Kim, J. -Y. Park, M. -K. Sung, A. -S. Choi, and J. -W. Jeong. Annual operating energy savings of liquid desiccant and evaporative-cooling-assisted 100% outdoor air system. Energy and Buildings, 2014, 76: 538-550.

[71] S. Jaber and S. Ajib. Evaporative cooling as an efficient system in Mediterranean region. Applied Thermal Engineering, 2011, 31 (14-15): 2590-2596.

[72] Z. Duan, X. Zhao, J. Liu, and Q. Zhang. Dynamic simulation of a hybrid dew point evaporative cooler and vapour compression refrigerated system for a building using EnergyPlus. Journal of Building Engineering, 2019, 21: 287-301.

[73] G. Heidarinejad, M. Bozorgmehr, S. Delfani, and J. Esmaeelian. Experimental investigation of two-stage indirect/direct evaporative cooling system in various climatic conditions. Building and Environment, 2009, 44 (10): 2073-2079.

[74] J. Woods and E. Kozubal. Heat transfer and pressure drop in spacer-filled channels for membrane energy recovery ventilators. Applied Thermal Engineering, 2013, 50 (1): 868-876.

[75] Y. Chen, H. Yan, and H. Yang. Comparative study of on-off control and novel high-low control of regenerative indirect evaporative cooler (RIEC). Applied Energy, 2018, 225 (9): 233-243.

[76] A. Sohani and H. Sayyaadi. Thermal comfort based resources consumption and economic analysis of a two-stage direct-indirect evaporative cooler with diverse water to electricity tariff conditions. Energy Conversion and Management, 2018, 172: 248-264.

[77] R. Navon and H. Arkin. Feasibility of direct-indirect evaporative cooling for residences, based on studies with a desert cooler. Building and Environment, 1994, 29 (3): 393-399.

[78] Y. M. Xuan, F. Xiao, X. F. Niu, X. Huang, and S. W. Wang. Research and application of evaporative cooling in China: A review (I) - Research. Renewable & Sustainable Energy Reviews, 2012, 16 (5): 3535-3546.

[79] E. Krüger, E. G. Cruz, and B. Givoni. Effectiveness of indirect evaporative cooling and thermal mass in a hot arid climate. Building and Environment, 2010, 45 (6): 1422-1433.

[80] H. X. L. Ming and Y. Xiangyang. Analysis of the application status-quo of evaporative cooling technology used in Xinjiang Textile Industry. Cotton Textile Technology, 2002, 4: 3.

[81] D. Pescod. A heat exchanger for energy saving in an air conditioning plant. ASHRAE Transactions, 1979, 85 (2): 238-251.

[82] I. Maclaine-Cross and P. Banks. A general theory of wet surface heat exchangers and its application to regenerative evaporative cooling. Journal of heat transfer, 1981, 103 (3): 579-585.

[83] A. Hasan. Going below the wet-bulb temperature by indirect evaporative cooling: Analysis using a modified ε-NTU method. Applied Energy, 2012, 89 (1): 237-245.

[84] V. Maisotsenko and I. Reyzin. The Maisotsenko cycle for electronics cooling. ASME 2005 Pacific Rim Technical Conference and Exhibition on Integration and Packaging of MEMS, NEMS, and Electronic Systems collocated with the ASME 2005 Heat Transfer Summer Conference, 2005.

[85] L. Elberling. Laboratory Evaluation of the Coolerado cooler indirect evaporative cooling unit. Pacific Gas and Electric Company, 2006.

[86] C. Coolerado. Coolerado HMX (Heat and Mass Exchanger) Brochure. Coolerado Corporation Arvada, CO, USA, 2006.

[87] C. Zhan, X. Zhao, S. Smith, and S. Riffat. Numerical study of a M-cycle cross-flow heat exchanger for indirect evaporative cooling. Building and Environment, 2011, 46 (3): 657-668.

[88] X. Zhao, Z. Duan, C. Zhan, and S. B. Riffat. Dynamic performance of a novel dew point air conditioning for the UK buildings. International Journal of Low-Carbon Technologies, 2009, 4 (1): 27-35.

[89] X. Zhao, S. Yang, Z. Duan, and S. B. Riffat. Feasibility study of a novel dew point air conditioning system for China building application. Building and Environment, 2009, 44 (9): 1990-1999.

[90] B. Riangvilaikul and S. Kumar. An experimental study of a novel dew point evaporative cooling system. Energy and Buildings, 2010, 42 (5): 637-644.

[91] F. Bruno. On-site experimental testing of a novel dew point evaporative cooler. Energy and Buildings, 2011, 43 (12): 3475-3483.

[92] R. H. Martín. Characterization of a semi-indirect evaporative cooler. Applied Thermal Engineering, 2009, 29 (10): 2113-2117.

[93] R. H. Martín. Numerical simulation of a semi-indirect evaporative cooler. Energy and Buildings, 2009, 41 (11): 1205-1214.

[94] F. J. R. Martínez, E. V. Gómez, A. T. González, and F. E. F. Murrieta. Comparative study between a ceramic evaporative cooler (CEC) and an air-source heat pump applied to a dwelling in Spain. Energy and Buildings, 2010, 42 (10): 1815-1822.

[95] F. R. Martínez et al.. Life cycle assessment of a semi-indirect ceramic evaporative cooler vs. a heat pump in two climate areas of Spain. Applied energy, 2011, 88 (3): 914-921.

[96] F. R. Martlnez, E. V. Gómez, R. H. Martln, J. M. Gutiérrez, and F. V. Diez. Comparative study of two different evaporative systems: an indirect evaporative cooler and a semi-indirect ceramic evaporative cooler. Energy and Buildings, 2004, 36 (7): 696-708.

[97] E. V. Gómez, F. R. Martínez, and A. T. González. Experimental characterisation of the operation and comparative study of two semi-indirect evaporative systems. Applied Thermal Engineering, 2010, 30 (11-12): 1447-1454.

[98] E. V. Gómez, F. R. Martínez, F. V. Diez, M. M. Leyva, and R. H. Martin. Description

and experimental results of a semi-indirect ceramic evaporative cooler. International Journal of Refrigeration, 2005, 28 (5): 654-662.

[99] F. Wang, T. Sun, X. Huang, Y. Chen, and H. Yang. Experimental research on a novel porous ceramic tube type indirect evaporative cooler. Applied Thermal Engineering, 2017, 125 (10): 1191-1199.

[100] S. -W. Ham and J. -W. Jeong. DPHX (dew point evaporative heat exchanger): System design and performance analysis. Energy, 2016, 101 (4): 132-145.

[101] D. Pandelidis, S. Anisimov, K. Rajski, E. Brychcy, and M. Sidorczyk. Performance comparison of the advanced indirect evaporative air coolers. Energy, 2017, 135: 138-152.

[102] A. Kabeel, M. Bassuoni, and M. Abdelgaied. Experimental study of a novel integrated system of indirect evaporative cooler with internal baffles and evaporative condenser. Energy Conversion and Management, 2017, 138: 518-525.

[103] S. J. Oh et al.. Approaches to energy efficiency in air conditioning: A comparative study on purge configurations for indirect evaporative cooling. Energy, 2019, 168: 505-5150.

[104] R. Boukhanouf, O. Amer, H. Ibrahim, and J. Calautit. Design and performance analysis of a regenerative evaporative cooler for cooling of buildings in arid climates. Building and Environment, 2018, 142: 1-10.

[105] H. -J. Kim, S. -W. Ham, D. -S. Yoon, and J. -W. Jeong. Cooling performance measurement of two cross-flow indirect evaporative coolers in general and regenerative operation modes. Applied Energy, 2017, 195 (6): 268-277.

[106] W. -Y. Li, Y. -C. Li, L. -y. Zeng, and J. Lu. Comparative study of vertical and horizontal indirect evaporative cooling heat recovery exchangers. International Journal of Heat and Mass Transfer, 2018, 124: 1245-1261.

[107] G. Heidarinejad and M. Bozorgmehr. Heat and mass transfer modeling of two stage indirect/direct evaporative air coolers. ASHRAE journal Thailand, 2008.

[108] H. El-Dessouky, H. Ettouney, and A. Al-Zeefari. Performance analysis of two-stage evaporative coolers, Chemical Engineering Journal, 2004, 102 (3): 255-266.

[109] M. B. G Heidarinejad. Heat and mass transfer modeling of two stage indirect/direct evaporative air coolers. ASHRAE journal Thailand, 2008.

[110] H. Xiang, Q. Yuan, and D. Yu-hui. Application of Multi-stage Evapo-rative Cooling Air Conditioning System to Northwest China. HV & AC, 2004, 6: 21.

[111] X. Huang, B. Zhou, X. Yu, X. Zhang, and M. Xiao. Application Of Three-stage Evaporative Cooling Air Conditioning Systems In Xinjing Region. HV&AC, 2005, 35 (7): 104-107.

[112] Z. Dashun. Evaporative Cooling Air Condition in Hospital of Xinjiang. Refrigeration & Air-condition, 2004 3: 50-53+59.

[113] S. Jain, P. Dhar, and S. Kaushik. Evaluation of solid-desiccant-based evaporative cooling cycles for typical hot and humid climates. 1995.

[114] P. Mavroudaki, C. Beggs, P. Sleigh, and S. Halliday. The potential for solar powered single-stage desiccant cooling in southern Europe. Applied Thermal Engineering, 2002, 22 (10): 1129-1140.

[115] M. -H. Kim, J. -S. Park, and J. -W. Jeong. Energy saving potential of liquid desiccant in evaporative-cooling-assisted 100% outdoor air system. Energy, 2013, 59: 726-736.

[116] Y. Xuan and F. Xiao. Analysis on energy efficiency of a hybrid liquid desiccant and evaporative

cooling system in Hong Kong. Building Science, 2009, 25 (2): 84-89.

[117] P. Finocchiaro, M. Beccali, and B. Nocke. Advanced solar assisted desiccant and evaporative cooling system equipped with wet heat exchangers. Solar Energy, 2012, 86 (1): 608-618.

[118] D. La, Y. Dai, Y. Li, Z. Tang, T. Ge, and R. Wang. An experimental investigation on the integration of two-stage dehumidification and regenerative evaporative cooling. Applied energy, 2013, 102: 1218-1228.

[119] M. Goldsworthy and S. White. Optimisation of a desiccant cooling system design with indirect evaporative cooler. International Journal of refrigeration, 2011, 34 (1): 148-158.

[120] N. Enteria, H. Yoshino, R. Takaki, A. Mochida, A. Satake, and R. Yoshie. Effect of regeneration temperatures in the exergetic performances of the developed desiccant-evaporative air-conditioning system. International journal of refrigeration, 2013, 36 (8): 2323-2342.

[121] M. El Hourani, K. Ghali, and N. Ghaddar. Effective desiccant dehumidification system with two-stage evaporative cooling for hot and humid climates. Energy and Buildings, 2014, 68 (1): 329-338.

[122] W. Z. Gao, Y. P. Cheng, A. G. Jiang, T. Liu, and K. Anderson. Experimental investigation on integrated liquid desiccant-Indirect evaporative air cooling system utilizing the Maisotesenko-Cycle. Applied Thermal Engineering, 2015, 88 (9): 288-296.

[123] V. Khalajzadeh, M. Farmahini-Farahani, and G. Heidarinejad. A novel integrated system of ground heat exchanger and indirect evaporative cooler. Energy and Buildings, 2012, 49: 604-610.

[124] M. Farmahini-Farahani and G. Heidarinejad. Increasing effectiveness of evaporative cooling by pre-cooling using nocturnally stored water. Applied Thermal Engineering, 2012, 38: 117-123, 2012.

[125] M. Farmahini Farahani, G. Heidarinejad, and S. Delfani. A two-stage system of nocturnal radiative and indirect evaporative cooling for conditions in Tehran. Energy and Buildings, 2010, 42 (11): 2131-2138.

[126] Y. Liu, X. Yang, J. Li, and X. Zhao. Energy savings of hybrid dew-point evaporative cooler and micro-channel separated heat pipe cooling systems for computer data centers. Energy, 2018, 163 (11): 629-640.

[127] C. Higgins and H. Reichmuth. Desert cool-airetm package unit technical assessment field performance of a prototype hybrid indirect evaporative air-conditioner. New Buildings Institute, 2007.

[128] X. Cui, K. Chua, W. Yang, K. Ng, K. Thu, and V. Nguyen. Studying the performance of an improved dew-point evaporative design for cooling application. Applied Thermal Engineering, 2014, 63 (2): 624-633.

[129] X. Cui, K. Chua, and W. Yang. Use of indirect evaporative cooling as pre-cooling unit in humid tropical climate: an energy saving technique. Energy Procedia, 2014, 61: 176-179.

[130] X. Cui, K. Chua, M. Islam, and K. Ng. Performance evaluation of an indirect pre-cooling evaporative heat exchanger operating in hot and humid climate. Energy conversion and management, 2015, 102: 140-150.

[131] B. Porumb, M. Bălan, and R. Porumb. Potential of indirect evaporative cooling to reduce the energy consumption in fresh air conditioning applications. Energy Procedia, 2016, 85: 433-441.

[132] J. Yi and Z. Xiaosong. The Research of Direct Evaporation Cooling and Its Application In Air-cooled Chiller Unit. Building Energy & Environment, 2006, 2: 2.

[133] B. Y. S. Z. Huan, L. Yaohao, and S. Zeqiang. Performance of the direct evaporative air hu-

midifier/cooler with aluminium packing and its use in air cooled chiller units. HV & AC, 1999, 5: 18.

[134] V. Jain, S. Mullick, and T. C. Kandpal. A financial feasibility evaluation of using evaporative cooling with air-conditioning (in hybrid mode) in commercial buildings in India. Energy for Sustainable Development, 2013, 17 (1): 47-53.

第 2 章 空调系统间接蒸发冷却能量回收技术的理论基础

间接蒸发冷却系统应用到空调系统中对室外新风进行预冷降温时，通常将室外新风作为一次空气，室内排风作为二次空气。在夏季室外新风温度较高、相对湿度较大时，空气具有较高的含湿量和露点温度。在间接蒸发冷却器中，当换热壁面的温度低于新风的露点温度时，换热器壁面将会出现凝结现象，并产生潜热换热。按冷却换热器构件类型划分，间接蒸发冷却换热器主要有板式、管式、热管式三种形式，而板式间接蒸发冷却器是目前应用最为广泛的间接蒸发冷却器形式，本书也以其为研究对象展开。本章首先对间接蒸发冷却器传热传质模型的研究进展进行了综述。然后介绍了两种间接蒸发冷却器的理论模型，包括有限差分法和效能-单元数法（ε-NTU）。

2.1 间接蒸发冷却器传热传质模型研究进展

在间接蒸发冷却系统中，换热通道分为干通道与湿通道两个部分，并且在一般情况下将干、湿通道分别称为一次侧通道和二次侧通道[1,2]，图 2-1 （a）、（b）所示分别为逆流、叉流间接蒸发冷却器工作原理图。在二次侧通道换热壁面上存在一层由喷淋系统喷洒形成的均匀液膜，由于空气中水蒸气含量与液膜表面饱和空气的水蒸气含量存在梯度，当二次侧空气在通道中流动时，液膜中的部分水分将会蒸发到二次侧空气中，同时水蒸发过程中产生的潜热换热能够带走换热壁面的大量热量，使得换热壁面温度明显降低。在相邻的一次侧换热通道中，温度较高的一次侧空气在通道流动过程中与温度较低的换热壁面进行对流换热，使得自身温度得到显著降低。间接蒸发冷却过程中存在相互耦合热量传递与质量传递，其传热传质机理较为复杂，而间接蒸发冷却传热传质过程的理论研究对该技术的发展应用具有至关重要的作用。

1855 年，Adolf-Fick 在实验研究的过程中发现了分子在扩散过程中的传质通量与浓度梯度存在相关性，提出了著名的菲克定律[3]。1927 年，刘易斯在空气绝热加湿的实验中，发现了在传热传质同时进行的过程中，传热过程与传质过程存在一种固定关系，并提出了刘易斯关系式[3]，从而为蒸发冷却传热传质研究奠定了重要的理论基础。

Merkel[4] 在刘易斯研究的基础上，对水-空气的蒸发冷却过程进行了研究，发现促进空气与水之间进行热量交换过程的驱动力是二者的焓差。当水表面的饱和空气与主流空气存在焓差梯度时，二者将会发生热量交换，而热量交换的方向则取决于焓差梯度的方向。

Poppe[5] 对 Merkel 模型进行了改进，考虑了湿空气的未饱和状态、过饱和状态、不一致的 Lewis 数、水温变化和水分蒸发等情况，可以准确预测水温、水分的蒸发量、湿空气温度和湿度。Pescod[6] 采用简化的微分方程对板式间接蒸发冷却器的冷却效率进行了研究。

Maclaine-cross 和 Banks[7] 利用类比法将换热壁面存在液膜的换热器与传统无液膜覆盖的空气-空气换热器进行类比，并提出了一种线性相关的理论模型以求解计算间接蒸发冷却换热器的传热传质性能。

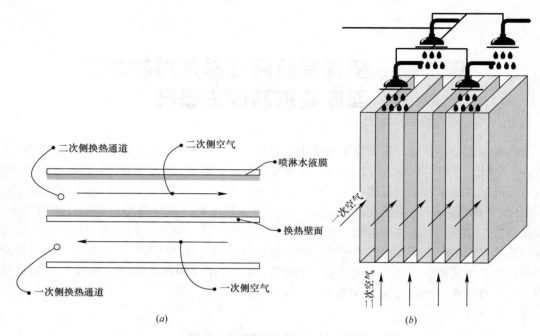

图 2-1　间接蒸发冷却工作原理图

(a) 逆流；(b) 叉流

Erens 和 Dreyer[8]对 Merkel 模型、Poppe 模型以及一种简化计算的间接蒸发理论计算模型进行了对比分析。Alonso[9]在分析间接蒸发冷却传热传质过程中，将喷淋水液膜的温度假设为一致，从而简化了理论求解模型，大大提高了求解效率，便于在工程应用中计算求解。

Stoitchkov 和 Dimitrov[10]在 Maclaine-cross 和 Banks 理论模型的基础上，通过计算液膜平均温度以及总换热量与显热换热量的比率，对间接蒸发冷却传热效率进行了修正。

Ren 和 Yang[11]针对平行流动及逆向流动的间接蒸发冷却换热系统的传热传质过程进行了分析，推导出了一维微分方程表达式，用于计算其传热传质性能，并在理论模型中引入了不同的刘易斯数及二次侧换热通道内换热壁面的湿润度。

Hasan、Stabat 等人[12-15]通过假设空气温度与焓值之间成线性变化关系，并重新定义了间接蒸发冷却中所涉及的部分参数，利用效能传热单元数法（ε-NTU）对间接蒸发冷却传质过程进行求解计算。

任承钦[16,17]利用㶲分析的方法对间接蒸发冷却传热传质过程中能量及有用能之间的转化关系进行了分析研究，证实了湿空气㶲作为间接蒸发冷却潜力的合理性，对间接蒸发冷却的适用性与合理应用的发展方向进行了评价分析。

Heidarinejad[18]在对叉流板式间接蒸发冷却传热传质过程的研究分析中，考虑了换热壁面的导热过程以及二次侧通道换热壁面上不同的液膜温度，从而提出了新的理论计算模型，并利用有限差分的方法对理论模型进行了求解计算，其数值计算结果与实验结果误差在 3% 左右。

Cui[19]对原本用于计算显热换热器传热性能的平均温差法进行修正，在修正模型中加入了潜热换热的数学表达式，使之应用于间接蒸发冷却传热传质过程，平均温差法修正模型的计算结果与实验测试结果之间的最大误差为 8%。同时，其提出了间接蒸发冷却与传统蒸气压缩式制冷组合形成的复合式系统的数值求解模型，用于研究该系统在高温潮湿地区的运行效果，理论求解结果发现该复合系统能够降低 47% 的新风负荷[20]。

Chen[21,22]在 Ren 和 Yang 推导的一维间接蒸发冷却理论模型的基础上，研究了间接蒸发冷却换热系统中一次侧换热通道在无凝结、部分凝结及全部凝结三种不同状态时的换热情况，并通过数值求解分析了一、二次侧空气温湿度状况、空气流速、换热器间距、换热器尺寸以及二次侧换热壁面湿润度对平行流动/逆向流动的间接蒸发冷却换热器的换热性能的影响，并对各个影响参数进行了敏感性分析。此外，Chen[23]还建立了一种基于效能传热单元数法（ε-NTU）简化计算的理论模型，用于分析研究间接蒸发冷却系统作为空调新风预冷装置时在全年运行状态下的换热性能以及能耗状况。

陈沛霖[24,25]开发了间接蒸发冷却器热工计算数学模型并考虑了换热壁面导热热阻对换热性能的影响，在一定条件下该模型能够用于板式及管式间接蒸发冷却器换热性能的计算，其计算结果与实验结果吻合甚好。周孝清[26]采用算术平均值的方法来计算空气物性参数，尽管在精确度上存在一些误差，但由于其模型计算过程简便，且计算结果与实验结果相吻合，因此更加适用于实际工程应用。王芳等[27]通过分析管式间接蒸发冷却器传热传质过程及换热特点，建立了适用于水平管式间接蒸发冷却热工计算模型。

通过对国内外学者关于间接蒸发冷却研究进展的梳理分析，发现之前学者提出的关于间接蒸发冷却传热传质过程的理论求解模型基本能够满足实际应用过程中的分析计算。然而当间接蒸发冷却系统应用于夏季高温潮湿地区时，由于新风侧空气具有较高的露点温度，在新风侧空气与温度较低的换热壁面进行对流换热过程中，换热壁面上则可能会出现凝结现象，使得其间接蒸发冷却传热传质过程及系统换热性能也将随之发生改变。

本章针对高温潮湿气候条件下间接蒸发冷却新风侧凝结现象，开展对常用的板式间接蒸发冷却器传热传质理论研究，分别建立了叉流、逆流板式间接蒸发冷却的传热传质分析解模型。

（1）对板式间接蒸发冷却传热传质物理过程进行拆分研究分析，并考虑新风侧换热通道中可能出现的凝结现象，研究其出现不凝结、部分凝结和完全凝结的判定方法。

（2）利用微元分析法在板式间接蒸发冷却传热传质物理模型的基础上构建稳态偏微分理论模型，并通过 MATLAB 对所构建的理论模型进行编程求解。

（3）通过理论模型求解，对典型工况下间接蒸发冷却传热传质过程中换热器内空气温湿度分布及换热壁面温度分布情况进行研究，从而进一步分析间接蒸发冷却传热传质机理。

2.2 叉流板式间接蒸发冷却传热传质模型

2.2.1 不同的凝结状态

在不同的一、二次空气入口温湿度状况下，间接蒸发冷却传热传质过程中换热器内空气温湿度及换热壁面温度分布均有所不同，从而造成一次通道内换热壁面会出现不同的凝结状态。通常将间接蒸发换热器内的凝结状态分为无凝结、部分凝结以及全部凝结三种。

在一次侧空气入口温湿度相对较低的情况下，空气具有较低的露点温度，换热过程达到稳定状态后，换热壁面的温度场分布均高于空气露点温度。此时，在换热壁面没有凝结现象出现，称为无凝结状态。而当空气温度较高或相对湿度较大时，空气露点温度较高，换热器内换热壁面的温度处处低于空气露点温度。这种情况下，一次空气进入换热通道后，凝结现象出现在整个换热壁面上，称为全部凝结状态。而对于一般空气温湿度状态下，间接蒸发冷却换热器内最常发生的凝结状态为部分凝结。在该状态下，由于新风的温湿度并不是很高，在进入换热器后，不会立即出现凝结现象，而是随着换热过程进行，当换热器壁面温度低于一次侧空气的露点温度时，该处的换热壁面上才会出现凝结现象。凝结过程发生的程度用凝结面积比表示，即一次通道内换热壁面上凝结液膜占整个换热壁面的面积比例。

2.2.2　理论模型假设条件

在对考虑凝结状况下间接蒸发冷却系统传热传质理论模型分析的基础上，对理论模型进行合理的假设，条件如下：

（1）本书所研究的间接蒸发冷却传热传质过程为稳态过程；

（2）换热器与外部环境无能量交换；

（3）换热器内二次通道换热壁面上的喷淋水液膜为均匀分布且连续不断；

（4）蒸发与凝结过程中，刘易斯系数为定值；

（5）忽略换热壁面上液膜的流动换热；

（6）在传热传质过程中，对流传热、传质系数保持定值；

（7）忽略换热壁面沿厚度方向的导热过程。

2.2.3　物理模型

间接蒸发冷却换热器中，一次空气为水平流动，二次空气从下向上垂直流动，两股气流由换热壁面分隔并形成叉流形态。在二次空气出口处，喷淋水由上向下喷洒到二次通道内的换热壁面上并形成一层均匀分布且连续不断的水膜。换热器的长度、宽度和高度分别设置为 L、W、H，通道宽度即两块换热壁面的间距设置为 s。

在构建间接冷却传热传质理论模型时，从换热器中选取由一组一、二次侧通道构成、长度和高度分别为 $\mathrm{d}x$、$\mathrm{d}y$ 的微元体模型进行分析，如图 2-2 所示。在微元体模型中，二次侧通

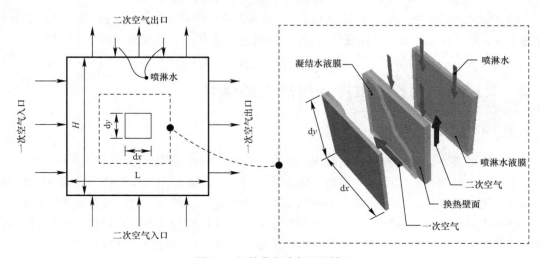

图 2-2　间接蒸发冷却理论模型

道内换热壁面上为均匀分布的喷淋水液膜，一次侧通道的换热壁面表面假设存在部分凝结液膜（即为部分凝结状态）。整个间接蒸发冷却传热传质过程可拆分为一、二次侧空气的传热传质过程，凝结液膜和喷淋水液膜的传热传质过程，换热壁面的传热过程五个主要部分。

1. 一次空气传热传质过程

间接蒸发冷却过程中一次侧空气传热传质过程如图 2-3 所示。一次侧空气在进入换热器后，由于空气与换热壁面存在温差，将产生对流换热进行显热交换。当换热器壁面温度低于一次侧空气的露点温度时，换热壁面将出现凝结液膜，一次侧空气与凝结液膜存在对流传热及传质过程，分别产生显热交换和潜热交换。

因此，微元体内一次侧空气热量的变化量（dQ_p），等于一次侧空气与换热壁面对流换热过程产生的显热换热量（$dQ_{p,sen1}$）以及一次空气与换热壁面上的凝结液膜对流传热传质所产生的显热换热（$dQ_{p,sen2}$）及潜热换热（$dQ_{p,lat}$）的总和。建膜的难点在于判断一次通道内出现冷凝的位置和面积。

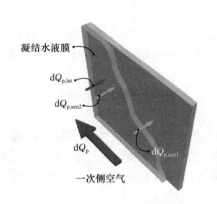

图 2-3 一次侧空气传热传质过程图

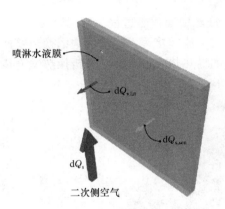

图 2-4 二次侧空气传热传质过程

2. 二次空气传热传质过程

由于间接蒸发冷却换热器内二次侧换热壁面上覆盖由均匀分布的喷淋水液膜，因此在二次侧空气进入换热器后，空气将与喷淋水液膜发生对流传热传质过程并产生显热换热及潜热换热，如图 2-4 所示。在微元体内，二次侧空气热量的变化量（dQ_s）等于二次空气与喷淋水液膜对流传热传质过程产生的显热（$dQ_{s,sen}$）及潜热换热量（$dQ_{s,lat}$）。

3. 凝结液膜传热传质过程

在分析一次侧通道内换热壁面上凝结换热过程时，首先假设凝结状态为部分凝结。在凝结液膜的一次空气侧，空气与液膜存在对流传热传质过程，在换热壁面侧，液膜与换热壁面存在导热传热过程，如图 2-5 所示。因此，在微元体内凝结液膜的热量变化量（dQ_{cw}）为一次侧空气通过对流传热传质过程向凝结液膜传递的显热量（$dQ_{p,sen2}$）和潜热量（$dQ_{p,lat}$）的总和减去凝结液膜通道导热向换热壁面传递的显热量（$dQ_{w,sen}$）。

4. 喷淋水液膜传热传质过程

换热器中二次侧通道内换热壁面上的喷淋水液膜为均匀分布的状态。在二次空气侧，通过对流传热传质与空气发生显热交换及潜热交换，在换热壁面侧通过导热与换热壁面发生显热传递，如图 2-6 所示。因此，微元体内喷淋水液膜的热量变化量（dQ_{ew}）等于液膜通过导热过程与换热壁面产生的显热换热量（$dQ_{ew,sen}$）减去液膜通过对流传热传质过程与二次侧空气产生的显热换热量（$dQ_{s,sen}$）和潜热换热量（$dQ_{s,lat}$）。

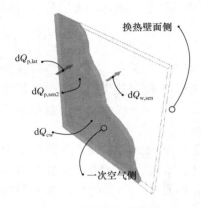

图 2-5 凝结液膜传热传质过程

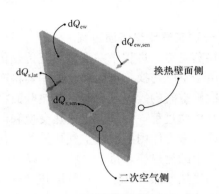

图 2-6 喷淋水液膜传热传质过程

5. 换热壁面传热过程

板式叉流间接蒸发冷却器中的换热壁面多采用 0.1～0.2mm 的铝制薄板，从而减少换热壁面的导热热阻，因此在分析换热壁面传热时，沿换热壁面厚度方向上的导热过程可忽略不计。

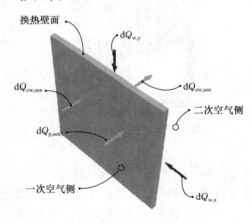

图 2-7 换热壁面传热过程

一次空气侧，在无凝结液膜覆盖处，空气与壁面发生对流传热的显热交换，在有凝结液膜覆盖处，凝结液膜与壁面发生由于导热传递产生的显热交换。二次空气侧，由于换热壁面覆盖了一层均匀分布的喷淋水液膜，换热壁面仅与液膜产生导热过程，如图 2-7 所示。

微元体内换热壁面的热量变化量可用换热壁面沿长度方向和高度方向的导热过程带来的热量（即 $dQ_{w,x}$、$dQ_{w,y}$）的增加量之和来表示。其等于一次空气侧与空气对流换热产生的显热换热量（$dQ_{p,sen1}$）和凝结液膜与壁面导热产生的显热换热量（$dQ_{cw,sen}$）减去二次空气侧壁面与喷淋水液膜导热过程产生的显热换热量（$dQ_{ew,sen}$）。

2.2.4 传热传质过程微分方程的建立

建立间接蒸发冷却传热传质微分方程时，首先假设一次侧通道换热壁面存在凝结液膜，液膜凝结比例为 σ。$\sigma=0$ 表示无凝结状态，$\sigma=1$ 表示全部凝结状态，$0<\sigma<1$ 表示部分凝结状态。

通过对间接蒸发冷却系统传热传质过程物理模型的分析，本小节建立间接蒸发冷却传热传质过程的微分方程组，包括一、二次侧空气对流传热传质过程中的能量平衡方程和质量平衡方程；凝结液膜与喷淋水液膜的传热传质过程的能量平衡方程；换热壁面换热过程的能量平衡方程。

微元体内一、二次空气侧热量变化量可利用湿空气的焓值表示,如式(2-1)及式(2-2):

$$dQ_p = \frac{m_1}{H} dy \frac{\partial i_1}{\partial x} dx \qquad (2-1)$$

$$dQ_s = \frac{m_s}{H} dy \frac{\partial i_s}{\partial x} dx \qquad (2-2)$$

一次侧空气与换热壁面及液膜表面的对流换热过程所产生的显热换热量分别用式(2-3)及式(2-4)表示:

$$dQ_{p,sen1} = h_p(T_w - T_p)(1 - \sigma) dx dy \qquad (2-3)$$

$$dQ_{p,sen2} = h_p(T_{cw} - T_p)\sigma dx dy \qquad (2-4)$$

一次侧通道换热壁面处的凝结过程中空气含湿量的变化量及产生的潜热换热量可分别用式(2-5)及式(2-6)表示:

$$d\omega_p = \frac{m_p}{H} dy \frac{\partial \omega_p}{\partial x} dx = h_{mp}(\omega_{p,w} - \omega_p)\sigma dx dy \qquad (2-5)$$

$$dQ_{p,lat} = r h_{mp}(\omega_{p,w} - \omega_p)\sigma dx dy \qquad (2-6)$$

二次侧空气与喷淋水液膜表面的对流换热过程所产生的显热换热量用式(2-7)表示:

$$dQ_{s,sen} = h_s(T_{ew} - T_s) dx dy \qquad (2-7)$$

二次侧通道内换热壁面喷淋液膜的蒸发过程中,空气含湿量变化量以及带来的潜热换热量分别用式(2-8)及式(2-9)所示:

$$d\omega_s = \frac{m_s}{L} dx \frac{\partial \omega_s}{\partial y} dy = h_{ms}(\omega_{s,w} - \omega_s) dx dy \qquad (2-8)$$

$$dQ_{s,lat} = r h_{ms}(\omega_{s,w} - \omega_s) \qquad (2-9)$$

一次侧通道内换热壁面上凝结液膜及二次侧通道内换热壁面喷淋水液膜的热量变化量分别可表示为式(2-10)、式(2-11):

$$dQ_{cw} = \frac{m_{cw}}{H} dy c_{pcw} \frac{\partial T_{cw}}{\partial x} dx \qquad (2-10)$$

$$dQ_{ew} = \frac{m_{ew}}{H} dy c_{pew} \frac{\partial T_{ew}}{\partial x} dx \qquad (2-11)$$

凝结液膜及喷淋水液膜向换热壁面导热过程传递的热量分别表示为式(2-12)、式(2-13):

$$dQ_{cw,sen} = \frac{\lambda_{cw}}{\delta_{cw}}(T_w - T_{cw})\sigma dx dy \qquad (2-12)$$

$$dQ_{ew,sen} = \frac{\lambda_{ew}}{\delta_{ew}}(T_w - T_{ew})\sigma dx dy \qquad (2-13)$$

换热壁面中沿 x、y 方向上的导热传热量分别表示为式(2-14)及式(2-15):

$$\delta Q_{w,x} = \frac{\partial \left[\lambda_{w,x} \frac{\partial T_w}{\partial x}(\delta_w dy) \right]}{\partial x} dx \qquad (2-14)$$

$$\delta Q_{w,y} = \frac{\partial \left[\lambda_{w,y} \frac{\partial T_w}{\partial y}(\delta_w dx) \right]}{\partial y} dy \qquad (2-15)$$

根据间接蒸发冷却传热传质过程的物理模型,建立质量及能量平衡方程,如式(2-16)~

式（2-22）。

一次侧空气传热传质过程能量平衡方程：

$$\frac{m_p}{H}dy\frac{\partial i_p}{\partial x}dx = h_p(T_{cw}-T_p)\sigma dxdy + h_p(T_w-T_p)(1-\sigma)dxdy + rh_{mp}(\omega_{p,w}-\omega_p)\sigma dxdy$$

$$(2-16)$$

一次侧空气凝结过程质量平衡方程：

$$\frac{m_p}{H}dy\frac{\partial \omega_p}{\partial x}dx = h_{mp}(\omega_{p,w}-\omega_p) \tag{2-17}$$

二次侧空气对流传热传质换热过程能量平衡方程：

$$\frac{m_s}{L}dx\frac{\partial i_s}{\partial y}dy = h_s(T_{ew}-T_s)dxdy + rh_{ms}(\omega_{s,w}-\omega_s)dxdy \tag{2-18}$$

二次侧空气蒸发过程质量平衡方程：

$$\frac{m_s}{L}dx\frac{\partial \omega_s}{\partial y}dy = h_{ms}(\omega_{s,w}-\omega_s)dxdy \tag{2-19}$$

一次侧换热壁面上凝结液膜传热传质过程能量平衡方程：

$$\frac{m_{cw}}{H}dyC_{pcw}\frac{\partial T_{cw}}{\partial x}dx = \frac{\lambda_{cw}}{\delta_{cw}}(T_w-T_{cw})\sigma dxdy - [h_p(T_{cw}-T_p)\sigma dxdy + rh_{mp}(\omega_{p,w}-\omega_p)\sigma dxdy]$$

$$(2-20)$$

二次侧换热壁面上喷淋水液膜传热传质过程能量平衡方程：

$$\frac{m_{ew}}{L}dxC_{pew}\frac{\partial T_{ew}}{\partial x}dy = \frac{\lambda_{ew}}{\delta_{ew}}(T_w-T_{ew})dxdy - [h_s(T_{ew}-T_s)dxdy + rh_{ms}(\omega_{s,w}-\omega_s)dxdy]$$

$$(2-21)$$

换热壁面传热过程能量平衡方程：

$$\frac{\partial\left[\lambda_{w,x}\frac{\partial T_w}{\partial x}(\delta_w dy)\right]}{\partial x}dx + \frac{\partial\left[\lambda_{w,y}\frac{\partial T_w}{\partial y}(\delta_w dx)\right]}{\partial y}dy =$$

$$\left[\frac{\lambda_{cw}}{\delta_{cw}}(T_{cw}-T_w)\sigma dxdy + h_p(T_p-T_w)(1-\sigma)dxdy\right] - \frac{\lambda_{ew}}{\delta_{ew}}(T_w-T_{ew})dxdy \quad (2-22)$$

2.2.5　理论模型中计算参数的确定

为简化理论模型的计算，对间接蒸发冷却传热传质微分方程中所涉及的部分计算参数进行分析及合理的假设与简化。

1. 湿空气的焓值

根据湿空气焓值的定义可给出湿空气焓值的理论计算公式，如式（2-23）。由于空气中单位质量水蒸气在定压条件下的热量 $c_{pv}T$ 远小于其相变过程中产生的汽化潜热量 r。在理论方程求解计算过程中，将忽略水蒸气定压条件下所具有的热量，从而湿空气焓值可用式（2-24）表示。

$$i = c_p T + \omega(c_{pv}T + r) \tag{2-23}$$

$$i = c_p T + \omega r \tag{2-24}$$

2. 空气与液膜交接处湿空气含湿量

在间接蒸发冷却传热传质过程中，一次侧通道内的凝结过程与二次侧通道内液膜的蒸发过程，均存在液膜与空气的交接面，此处的湿空气为饱和状态。根据湿空气含湿量的定义可得出饱和湿空气含湿量的表达式，如式（2-25）所示。湿空气中水蒸气的饱和分压力 P_{sat} 可由经验公式（2-26）[28] 计算得到，其中 $p_0 = 610.7\text{N}/\text{m}^2$，$a_0 = 31.6639$，$a_1 = 0.131305$，$a_2 = 2.63247 \times 10^{-5}$。

$$\omega = 0.622 \frac{P_{\text{sat}}}{B - P_{\text{sat}}} \tag{2-25}$$

$$P_{\text{sat}} = P_0 \cdot 10^{[T/(a_0 + a_1 T + a_2 T^2)]} \tag{2-26}$$

在湿空气温度变化范围不大时，湿空气中含湿量与温度近似呈线性变化关系，如式（2-27）所示。因此在空气温度在 20～40℃变化时，通过式（2-25）及式（2-26）的拟合计算可得 $a = 0.0014458$，$b = -0.015525$。

$$\omega = aT + b \tag{2-27}$$

3. 对流传热传质系数

在间接蒸发冷却器换热通道内，为保证空气换热充分，空气流速一般均小于 3.5m/s，同时通道宽度 s 在 3～6mm 之间。由式（2-28）及式（2-29）可计算得出通道内空气流动过程中的雷诺数。在空气流速为 3.5m/s，通道宽度 5mm 时计算所得雷诺数为 2187。因此在一般工况下，间接蒸发冷却换热器通道内空气流动状态可判断为层流状态，其对流传热过程中的对流传热系数式（2-30）计算。

根据契尔顿-柯尔本热质交换的类似律，在空调系统中空气的质量密度变化不大，传热系数与传质系数关系如式（2-31）所示。在间接蒸发冷却换热器内一次侧通道内的凝结过程和二次侧通道内液膜的蒸发过程中，$Le^{-2/3} \approx 1$，因此对流传质系数可简化为式（2-32）表示[3]。

$$d_{\text{e}} = \frac{2HW}{H + W} \tag{2-28}$$

$$Re = \frac{u \cdot d_{\text{e}}}{\nu} \tag{2-29}$$

$$h = 1.86 Re^{1/3} Pr^{1/3} \left(\frac{d_{\text{e}}}{L}\right)^{1/3} \frac{\lambda}{d_{\text{e}}} \tag{2-30}$$

$$\frac{h_{\text{m}}}{h} = \frac{Le^{-2/3}}{c_{\text{p}}} \tag{2-31}$$

$$h_{\text{m}} = \frac{h}{c_{\text{p}}} \tag{2-32}$$

4. 液膜厚度

间接蒸发冷却过程中，由于喷淋水液膜及空气凝结液膜厚度非常薄，液膜内部的对流换热影响因素可忽略不计，喷淋水液膜的厚度可用式（2-33）及式（2-34）计算[29,2]。凝结过程产生的凝结液膜可假设为均匀分布、厚度一致，根据已有的相关研究[21,31]，其厚度可假设为 0.35mm。

$$\delta_{\text{w}} = \left(\frac{3\mu_{\text{w}}\Gamma}{\rho g}\right)^{\frac{1}{3}} \tag{2-33}$$

$$\Gamma = \frac{m_{\text{w}}}{(n+1)L} \tag{2-34}$$

式中 Γ——单位长度喷淋水密度，kg/(m·s)，对于板式间接蒸发冷却器，Γ 一般在 15～20kg/(m·h)；

m_w——喷淋水质量流量，kg/s；

n——通道数目。

2.2.6 数值计算方法

1. 间接蒸发冷却传热传质控制方程组

叉流板式间接蒸发冷却器中，假设换热壁面的长度与高度相等（即 $L=H$）。在理论微分方程整理化简中，引入无量纲坐标 $\hat{x}=x/L$、$\hat{y}=y/H$。同时换热壁面内沿长度和高度方向上导热系数可认定为一致，即 $\lambda_{pl,x}=\lambda_{pl,y}$。通过将式（2-16）～式（2-22）整理化简可得到间接蒸发冷却传热传质过程的控制方程组，如式（2-35）～式（2-42）。

$$\frac{\partial T_s}{\partial \hat{y}} = NTU(T_{ew} - T_s) \tag{2-35}$$

$$\frac{\partial \omega_s}{\partial \hat{y}} = \frac{NTU}{Le_{fs}}(\omega_{s,w} - \omega_s) \tag{2-36}$$

$$\frac{\partial T_p}{\partial \hat{x}} = \frac{k_{p,s}}{M} NTU[(T_{cw} - T_p)\sigma + (T_w - T_p)(1-\sigma)] \tag{2-37}$$

$$\frac{\partial \omega_p}{\partial \hat{x}} = \frac{k_{p,s}}{M} \frac{NTU}{Le_{fp}}(\omega_{p,w} - \omega_p)\sigma \tag{2-38}$$

$$\frac{\partial T_{ew}}{\partial \hat{y}} = k_{ew,s} C_{ew}^* NTU(T_w - T_{ew}) - C_{ew}^* NTU\left[(T_{ew} - T_s) + \frac{r}{c_p Le_{fs}}(\omega_{s,w} - \omega_s)\right] \tag{2-39}$$

$$\frac{\partial T_{Cw}}{\partial \hat{x}} = k_{cw,s} C_c^* NTU(T_w - T_{cw})\sigma - k_{p,s} C_{cw}^* NTU\left[(T_{cw} - T_p)\sigma + \frac{r}{c_p} \frac{1}{Le_{fp}}(\omega_{p,w} - \omega_p)\sigma\right] \tag{2-40}$$

$$\left(\frac{\partial^2 T_{pl}}{\partial \hat{x}^2} + \frac{\partial^2 T_{pl}}{\partial \hat{y}^2}\right) = \frac{A}{\delta_{pl}^2}\{[k_{c,pl}(T_c - T_{pl})\sigma + k_{1,pl}(T_1 - T_{pl})(1-\sigma)] - k_{w,pl}(T_{pl} - T_w)\} \tag{2-41}$$

$$\left(\frac{\partial^2 T_w}{\partial \hat{x}^2} + \frac{\partial^2 T_w}{\partial \hat{y}^2}\right) = \frac{A}{\delta_w^2}\{[k_{cw,w}(T_{cw} - T_w)\sigma + k_{p,w}(T_p - T_w)(1-\sigma)] - k_{ew,w}(T_w - T_{ew})\} \tag{2-42}$$

上述各式中，部分参数定义如下：

$NTU = \dfrac{h_s F}{M_s c_p}$ 表示间接蒸发冷却换热器传热单元数；

$Le_{fp} = \dfrac{h_p}{h_{mp} c_p}$，$Le_{fs} = \dfrac{h_s}{h_{ms} c_p}$ 分别表示凝结与蒸发过程中的刘易斯系数；

$C_{ew}^* = \dfrac{m_s c_p}{m_{ew} c_{pew}}$，$C_{cw}^* = \dfrac{m_s c_p}{m_{cw} c_{pcw}}$ 分别表示二次侧空气与喷淋水以及凝结水的热容量之比；

$M = \dfrac{m_p}{m_s}$ 表示一、二次侧空气质量流量比；

$k_{\text{ew,w}} = \dfrac{\lambda_{\text{ew}}/\delta_{\text{ew}}}{\lambda_{\text{w}}/\delta_{\text{w}}}, k_{\text{cw,w}} = \dfrac{\lambda_{\text{cw}}/\delta_{\text{cw}}}{\lambda_{\text{w}}/\delta_{\text{w}}}, k_{\text{p,w}} = \dfrac{h_{\text{p}}}{\lambda_{\text{w}}/\delta_{\text{w}}}$ 分别表示喷淋水液膜、凝结水液膜以及一次

空气与换热壁面传热系数之比；

$k_{\text{p,s}} = \dfrac{h_{\text{p}}}{h_{\text{s}}}, k_{\text{ew,s}} = \dfrac{\lambda_{\text{ew}}/\delta_{\text{ew}}}{h_{\text{s}}}, k_{\text{cw,s}} = \dfrac{\lambda_{\text{cw}}/\delta_{\text{cw}}}{h_{\text{s}}}$ 分别表示一次空气、喷淋水液膜、凝结水液膜与

二次空气传热系数之比。

间接蒸发冷却传热传质过程控制方程组中边界条件设置如下：

一次空气入口处温度：$T_{\text{p}}|(\hat{x}=0)=T_{\text{p}}^{\text{in}}$；

一次空气入口处含湿量：$\omega_{\text{p}}|(\hat{x}=0)=\omega_{\text{p}}^{\text{in}}$；

二次空气入口处温度：$T_{\text{s}}|(\hat{y}=0)=T_{\text{s}}^{\text{in}}$；

二次空气入口处含湿量：$\omega_{\text{s}}|(\hat{y}=0)=T_{\text{s}}^{\text{in}}$。

2. 数值计算求解流程

间接蒸发冷却传热传质控制方程组为二维偏微分方程组，由 7 个偏微分方程式和四个边界条件构成。在数值求解中，利用 MATLAB 中的 Partial Differential Equation Toolbox 并基于有限元分析方法（Finite Element Method，FEM）进行编程求解计算。

利用计算机数值求解过程中，将间接蒸发冷却器换热壁面设置成一个边长为 1 的正方形，并将其划分成若干个微元。为验证微元尺寸的大小不影响计算结果，首先设置微元尺寸为 0.1、0.05、0.025、0.01、0.005 五种情况。通过对比分析不同微元尺寸下的计算结果，在保证计算结果不受微元尺寸大小影响，且具有较高计算机运行速度的情况下，在求解计算中将微元尺寸设置为 0.025。

在间接蒸发冷却传热传质理论模型的构建过程中考虑了一次侧空气凝结换热过程，凝结换热程度用换热壁面上凝结液膜的面积比来表示。然而在利用控制方程组求解计算之前，仅通过一、二次侧空气入口的温湿度状态不能准确地判断换热器通道内的凝结状态。因此，在计算求解之前需要先假设一次侧通道内换热壁面的凝结状态以及凝结液膜的面积比，通过计算机求解计算，可分别得到一、二次侧空气温度、含湿量的分布结果以及换热通道内喷淋水液膜、凝结水液膜和换热壁面的温度场分布状态。将一次侧空气含湿量分布与入口值进行比较，一次侧通道内空气含湿量小于入口值时，则表明此处换热壁面存在凝结，从而可得到凝结面积占换热壁面面积的比例，即凝结液膜面积比。通过计算求解后，将求解得出的凝结液膜面积比与假设值进行对比。当求解值与假设值之间的误差满足计算误差要求时，可认为假设的凝结状态以及凝结面积比正确，若两者误差超过计算误差允许范围，需重新假设凝结状态进行计算，直到误差达到允许范围之内。

计算求解时，首先可假设换热器一次侧通道内无凝结，即凝结液膜面积比为零（$\sigma=0$）。若计算结果与假设相符，则可判定为无凝结状态。若计算结果与假设值误差大于计算误差要求，则重新假设为全部凝结状态（$\sigma=1$），再次进行计算求解。若计算结果与假设一致，则可判定为全部凝结状态。若计算结果与假设不符，则可判断换热器内凝结状态为部分凝结，并根据前两次假设条件下的计算结果合理假设凝结液膜面积比，并进行计算比较，直到计算结果与假设值在精度要求内，即可得出部分凝结状态下的凝结面积比。间接蒸发冷却传热传质控制方程组的求解流程如图 2-8 所示。

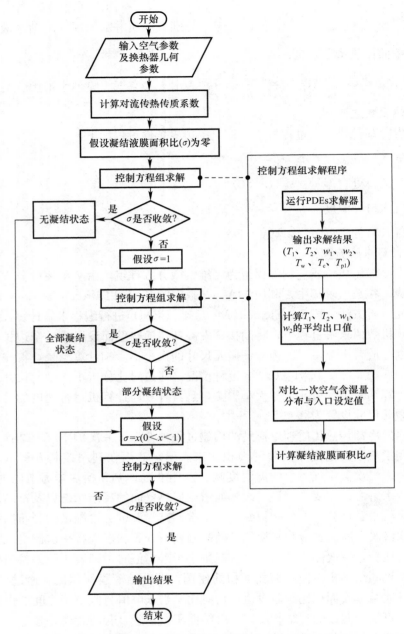

图 2-8 间接蒸发冷却传热传质控制方程组求解流程图

2.2.7 数值计算准确性验证

为验证间接蒸发冷却传热传质理论模型计算求解结果的准确性，本节利用理论模型计算结果与实验测试结果进行对比。在利用理论模型求解以及实验测试过程中，均设定一、二次侧空气入口温湿度状态后通过计算或测试得到其出口温湿度状态参数。因此，在理论模型计算结果准确性验证时，直接将理论计算所得出的一、二次侧空气出口温湿度平均值与实验测试所得到的出口参数进行对比。

　　由于理论模型中考虑了换热器内可能会出现凝结换热过程，而对于不同的入口空气状况，一次侧通道换热壁面上会出现无凝结、部分凝结、全部凝结三种不同的状态。因此在验证理论模型准确性的过程中，将二次侧空气入口温度设置在25℃，相对湿度为50%；一次侧空气入口温度变化范围为28～38℃（间隔为2℃），相对湿度设置30%、50%、70%、90%四个不同状态。从而可验证一次侧换热通道内出现不同凝结状态时理论模型计算结果的准确性。对比验证中的实验测试数据来源于实验测试。

　　理论求解计算结果与实验测试结果对比如图2-9所示，其中图（a）、（b）、（c）、（d）分别表示一次侧空气出口温度、含湿量；二次侧空气出口温度、含湿量的对比结果。在相对湿度为70%、90%的情况下，一次侧空气出口温度的理论计算结果与实验测试值偏差均在5%以内，在相对湿度为30%、50%的情况下，理论计算结果与实验结果偏差也在10%以内，最大的偏差为8.6%。对于一次侧出口空气含湿量，计算结果与实验测试结果具有较高的一致性，在相对湿度为30%、50%、70%时，二者偏差在5%以内，在相对湿度为

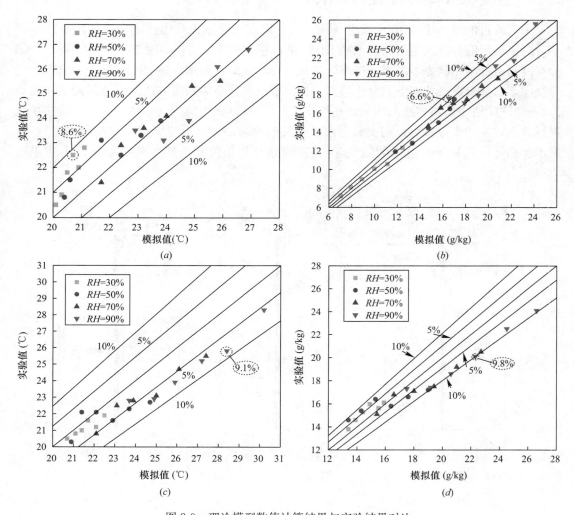

图2-9　理论模型数值计算结果与实验结果对比

（a）一次空气出口温度；（b）一次空气出口含湿量；（c）二次空气出口温度；（d）二次空气出口含湿量

90% 的情况下，部分数据的偏差值会超过 5%，而最大偏差也仅为 6.6%。对于二次空气出口温度，相对湿度在 30% 以及 50% 的大部分情况下，计算结果与实验值偏差能够保持在 5% 以内，而在相对湿度达到 70% 及 90% 的情况下，理论计算结果偏大，与实验测试结果的最大偏差为 9.1%。对于二次侧出口空气含湿量，计算结果与实验测试结果偏差均在 10% 以内，而在相对湿度较高的情况下（70%，90%），二者偏差较大，最大能达到 9.8%。

通过将不同入口空气状态下利用理论模型的计算所得的数值求解结果与实验测试结果进行对比分析，可发现利用该理论模型计算得出的结果与实验结果具有较高的一致性，二者偏差能够保持在 10% 以内。其中一次侧空气出口温度、含湿量，和二次侧空气出口温度、含湿量的理论计算结果与实验结果的最大偏差分别为 8.6%、6.6%、9.1%、9.8%。因此，可以利用该理论模型分析研究在不同凝结状态下间接蒸发冷却系统的传热传质过程。

2.3　逆流板式间接蒸发冷却传热传质 ε-NTU 模型

采用改进的效率-传热单元数法（ε-NTU）建立了逆流板式间接蒸发冷却传热传质模型，对三种可能存在的凝结状态下的 RIEC 进行建模和性能分析。图 2-10 为在不凝结、部分凝结和全部凝结状态下的板式逆流间接蒸发冷却模型，并据此建立了在非冷凝状态、全冷凝状态和部分冷凝状态下的解析模型，提出了三种状态的判断方法。用于间接蒸发冷却器的 ε-NTU 法中，将传统的用于显热换热器的 ε-NTU 法中的空气比热容和表面传热系数进行修正，使两个参数可以用于具有潜热换热的湿表面上，再将湿通道中复杂的空气/蒸发水膜相互作用和干通道中的空气/冷凝水膜相互作用简化为简单的一维传热传质平衡方程。

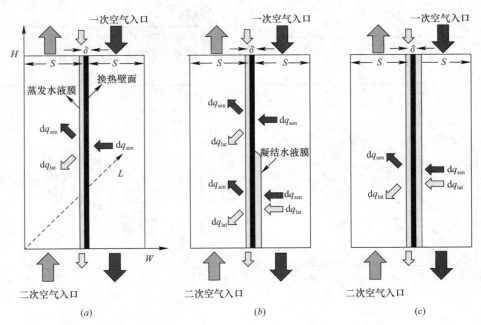

图 2-10　逆流板式间接蒸发冷却器物理模型

（a）无冷凝；（b）部分冷凝；（c）全部冷凝

数学模型的建立基于以下假设条件：（1）传热传质过程处于稳态，且在垂直于壁面的方向上；（2）水膜与空气的界面温度假定为水膜温度；（3）间接蒸发冷却器与外界是绝热的；（4）水膜是静止的，且以相同的温度连续补充；（5）空气和水的比热保持恒定；（6）湿表面蒸发和冷凝过程中传热传质系数恒定，$Le=1$；（7）间接蒸发冷却器为逆流。

2.3.1 ε-NTU 法中修正参数的推导

不同于传统的显热换热器，间接蒸发冷却器内有湿表面，涉及水的蒸发或冷凝，传统的 ε-NTU 并不适用于有潜热换热的热质交换过程。因此，本小节首先推导出适用于间接蒸发冷却器传热传质过程的两个重要修正参数，即基于湿球温度的比热和基于湿球温度的传热系数。修正参数可用于 ε-NTU 法预测间接蒸发冷却器的性能。

湿空气的焓值表示为式（2-43）：

$$h = c_{pw} \cdot t_{wb} \tag{2-43}$$

基于湿球温度的湿空气的比热容为式（2-44）：

$$c_{pw} = c_p + \frac{1}{e}(r + 1.84 t_{wb}) = c_p + \frac{h_{fg}}{e} \tag{2-44}$$

式中　h_{fg}——水蒸气的焓；

e——焓湿图上连接两个饱和湿空气状态点的斜率。

$$e = \frac{t''_{wb,s} + t'_{wb,s}}{\omega''_s - \omega'_s} \tag{2-45}$$

饱和空气在一定湿球温度下的含水量根据 ASHRAE 推荐的经验公式进行计算：

$$In(P_{qb}) = \frac{c_1}{T} + c_2 + c_3 T + c_4 T^2 + c_5 T^3 + c_6 In(T) \tag{2-46}$$

其中，$c_1 = -5800.2206$，$c_2 = 1.3914993$，$c_3 = -0.048640239$，$c_4 = 0.41764768 \times 10^{-4}$，$c_5 = -0.14452093 \times 10^{-7}$，$c_6 = 6.5459673$。

$$\omega_b = 0.622 \frac{P_{qb}}{B - P_{qb}} \tag{2-47}$$

根据空气-水界面传热传质基本理论，得到湿表面的总传热系数公式：

$$\alpha_{ew} = \alpha + \frac{\alpha \cdot \dfrac{h_{fg}}{c_p} \left[\left(\dfrac{\beta o c_p}{\alpha} \cdot \omega_{inter} - \omega_b \right) + \omega_s \left(1 - \dfrac{\beta o c_p}{\alpha} \right) \right]}{t_{inter} - t_{wb,s}} \tag{2-48}$$

由于 α_{ew} 的表达式复杂且应用起来较为困难，因此提出了一个重要的假设：$Le=1$，即显热传递系数等于传质系数，这一规律在水-空气两相流动领域基本上是正确的。因此，式（2-48）可以简化为式（2-49）：

$$\alpha_{ew} = \alpha \left(1 + \frac{h_{fg}}{c_p e} \right) \tag{2-49}$$

显式传热系数 α 根据经验公式计算：

$$\alpha = \frac{0.023 \left(\dfrac{u}{\upsilon} \right)^{0.8} \cdot Pr^{0.3} \cdot \lambda}{d_e^{0.2}} \tag{2-50}$$

式中　d_e——空气通道的水力直径。

以上推导了间接蒸发冷却器传热传质过程的两个重要修正参数：基于湿球温度的比热和基于湿球温度的传热系数。修正参数可用于 ε-NTU 法预测间接蒸发冷却器的性能。根据不同的进口空气状态，间接蒸发冷却器在热回收的过程中根据新风通道的冷凝情况，可能出现三种运行状况：无冷凝状态，完全冷凝状态，部分冷凝状态。

2.3.2　ε-NTU 方法的类比

通过将上述修正的传热系数 α_{ew} 和比热容 c_{pw} 应用于蒸发和冷凝表面，建立了三种冷凝状态下的间接蒸发冷却器模型。以这种方式，湿表面热交换器可以通过 ε-NTU 方法类比于干表面热交换器。在非冷凝和完全冷凝下建模间接蒸发冷却器的数学方程详见表 2-1。

改进的 ε-NTU 方法在间接蒸发冷却器中的参数计算　　　　　表 2-1

参数	无冷凝	完全冷凝
换热系数	$\alpha_{ew}=\alpha\left(1+\dfrac{h_{fg}}{c_p e}\right)$	$\alpha_{wp}=\alpha\left(1+\dfrac{h_{fg}}{c_p e_p}\right),\ \alpha_{ws}=\alpha\left(1+\dfrac{h_{fg}}{c_p e_s}\right)$
比热容	$c_{pw}=c_p+\dfrac{h_{fg}}{e}$	$c_{pwp}=c_p+\dfrac{h_{fg}}{e_p},\ c_{pws}=c_p+\dfrac{h_{fg}}{e_s}$
饱和湿空气斜率	$e=\dfrac{t''_{wb,s}-t'_{wb,s}}{\omega''_{b,s}-\omega'_{b,s}}$	$e_p=\dfrac{t''_{wb,p}-t'_{wb,p}}{\omega''_{b,p}-\omega'_{b,p}},\ e_s=\dfrac{t'_{wb,s}-t'_{wb,s}}{\omega''_{b,s}-\omega'_{b,s}}$
换热量	$Q=m_p c_p(t'_p-t''_p)$ $Q=m_s c_{pew}(t'_{wb,s}-t''_{wb,s})$	$Q=m_p c_{pwp}(t'_{wb,p}-t''_{wb,p})$ $Q=m_s c_{pws}(t'_{wb,s}-t''_{wb,s})$
总换热系数	$K=\left(\dfrac{1}{\alpha_p}+\dfrac{\delta}{\lambda}+\dfrac{\delta_{ew}}{\lambda_{ew}}+\dfrac{1}{\alpha_w}\right)^{-1}$	$K=\left(\dfrac{1}{\alpha_{wp}}+\dfrac{\delta}{\lambda}+\dfrac{\delta_{ew}}{\lambda_{ew}}+\dfrac{1}{\alpha_{ws}}\right)^{-1}$
湿球效率	$\eta=\dfrac{1-\exp[-NTU\cdot(1-Cr)]}{1-Cr\cdot\exp[-NTU\cdot(1-Cr)]}$ $Cr=\dfrac{m_p c_p}{m_s c_{pw}},\ NTU=\dfrac{KA}{m_1 c_p}$	$\eta=\begin{cases}\dfrac{1-\exp[-NTU_w\cdot(1-Cr_w)]}{1-Cr_w\cdot\exp[-NTU_w\cdot(1-Cr_w)]}\ (Cr_w<1)\\[2mm]\dfrac{NTU_w}{1+NTU_w}\ (Cr_w=1)\end{cases}$ $Cr_w=\dfrac{(mc_{pw})_{min}}{(mc_{pw})_{max}},\ NTU_w=\dfrac{KA}{(mc_{pw})_{min}}$
	$\eta=\dfrac{t'_p-t''_p}{t'_p-t'_{wb,s}}$	$\eta=\dfrac{(t'_{wb}-t''_{wb})_{max}}{t'_{wb,p}-t'_{wb,s}}$
表面温度	$t_{surf,d,out}=t''_p-\dfrac{R_{p,out,d}\times(t'_p-t'_s)}{R_{p,out,d}+R_{ew}+R_{s,in,d}}$	$t''_p=t''_{wb,p}+(t'_p-t'_{wb,p})\cdot\exp\left(-\dfrac{a_1 A}{m_1 c_p}\right)$ $t_{surf,w,in}=t'_p-K\cdot\dfrac{(t'_p-t'_s)}{a_{wp}}$

2.3.3　无冷凝状态

如果新风入口空气的相对湿度较低，露点温度始终低于板面，则出现无冷凝状态。一次空气通道仅有显热换热，二次空气通道同时有显热和潜热换热。由于二次空气通道的板表面不可能完全被水膜覆盖，在干燥部分和湿润部分的传热系数是不同的，因此根据式（2-51）、式（2-52）分别进行计算湿表面和干表面传热系数，两者加权平均可获得综合传热系数，如式（2-53）所示：

$$K_{ew} = \left(\frac{1}{\alpha_p} + \frac{\delta}{\lambda} + \frac{\delta'_{ew}}{\lambda'_{ew}} + \frac{1}{\alpha_{ew}} \right)^{-1} \tag{2-51}$$

$$K_d = \left(\frac{1}{\alpha_p} + \frac{\delta}{\lambda} + \frac{1}{\alpha_s} \right)^{-1} \tag{2-52}$$

$$K = \sigma \cdot K_{ew} + (1-\sigma)K_d \tag{2-53}$$

二次空气通道中的水膜厚度 δ_{ew} 根据喷淋水量进行估算，如式（2-54）和式（2-55）所示。

$$\delta_{ew} = \left(\frac{3\mu\Gamma}{\rho^2 g} \right)^{\frac{1}{3}} \tag{2-54}$$

$$\Gamma = \frac{m_{ew}}{(n+1)L} \tag{2-55}$$

根据热平衡定律，在稳定状态下，二次空气通道的传热量等于新风通道的传热量。新风和二次空气的传热量分别由式（2-56）和式（2-57）表示：

$$Q = m_p c_{pa} (t'_p - t''_p) \tag{2-56}$$

$$Q = m_s c_{pw} (t''_{wb,s} - t'_{wb,s}) \tag{2-57}$$

逆流间接蒸发冷却器的冷却效率可以用热容比 Cr 和传热单元数 NTU 计算如下：

$$\eta = \frac{1 - \exp[-NTU \cdot (1-Cr)]}{1 - Cr \cdot \exp[-NTU \cdot (1-Cr)]} \tag{2-58}$$

其中，$Cr = \dfrac{m_p c_p}{m_s c_{pw}}$，$NTU = \dfrac{KA}{m_p c_p}$

干燥状态下，间接蒸发冷却器的湿球效率也可以定义为新风进出口干球温度差与新风进口干球温度和二次空气入口湿球温度的差值的比值。

$$\eta = \frac{t'_p - t''_p}{t'_p - t'_{wb,s}} \tag{2-59}$$

采用类比法，在非凝结状态下，新风出口表面温度可根据式（2-60）计算：

$$t_{surf,d,out} = t''_p - \frac{R_{p,out,d} \times (t'_p - t'_s)}{R_{p,out,d} + R_{ew} + R_{s,in,d}} \tag{2-60}$$

2.3.4 完全冷凝状态

如果新风进口空气非常潮湿，其露点温度高于入口的壁面温度，则沿着整个新风通道发生冷凝。由于一次空气和二次空气通道都被湿表面所覆盖，因此，在两个通道中均采用基于湿球温度的比热和基于湿球温度的总传热系数。在稳态模型中，两个空气通道中的传热量是相等的，如式（2-61）、式（2-62）所示。

$$Q = m_p c_{pwp} (t'_{wb,p} - t''_{wb,p}) \tag{2-61}$$

$$Q = m_s c_{pws} (t''_{wb,s} - t'_{wb,s}) \tag{2-62}$$

如果忽略冷凝水膜厚度，则两个通道之间的总传热系数以式（2-63）给出：

$$K = \left(\frac{1}{\alpha_{wp}} + \frac{\delta}{\lambda} + \frac{\delta'_{ew}}{\lambda'_{ew}} + \frac{1}{\alpha_{ws}} \right)^{-1} \tag{2-63}$$

则计算间接蒸发冷却器湿球效率的两种方法可以分别表述为式（2-64）、式（2-65）：

$$\eta = \frac{(t'_{wb} - t''_{wb})_{max}}{t'_{wb,p} - t'_{wb,s}} \tag{2-64}$$

$$\eta = \begin{cases} \dfrac{1 - \exp[-NTU_w \cdot (1 - Cr_w)]}{1 - Cr_w \cdot \exp[-NTU_w \cdot (1 - Cr_w)]}, Cr_w = \dfrac{(mc_{pw})_{min}}{(mc_{pw})_{max}}, NTU_w = \dfrac{KA}{(mc_{pw})_{min}} \\ \dfrac{NTU_w}{1 + NTU_w}, Cr_w = 1, NTU_w = \dfrac{KA}{m_p c_{pwp}}(m_s c_{pws} = m_p c_{pwp}) \end{cases}$$

$$\tag{2-65}$$

新风的出口温度和新风入口侧的表面温度由式（2-66）、式（2-67）给出：

$$t''_p = t''_{wb,p} + (t'_p - t'_{wb,p}) \cdot \exp\left(-\frac{a_p A}{m_p c_p}\right) \tag{2-66}$$

$$t_{surf,in} = t'_p - K \cdot \frac{(t'_p - t''_s)}{a_{wp}} \tag{2-67}$$

2.3.5 部分冷凝状态

部分冷凝状态介于非冷凝状态和全部冷凝状态之间，新风通道由干燥部分（无冷凝）和湿润部分（有冷凝）组成。这两个部分的模型应分别建立，并且需要在转折点添加热平衡方程。

新风侧冷凝区和非冷凝区的修正传热系数和比热以及二次空气侧的相应参数如图 2-11 所示，并且可以按照与第 2.3.1 和 2.3.2 节相同的方法进行计算。

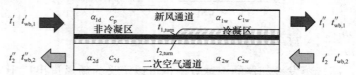

图 2-11　部分冷凝状态下的 IEC 模型

非冷凝区的传热系数根据式（2-68）计算：

$$K_d = \left(\frac{1}{\alpha_p} + \frac{\delta}{\lambda} + \frac{\delta_w}{\lambda_w} + \frac{1}{\alpha_{sd}}\right)^{-1} \tag{2-68}$$

非冷凝区 IEC 传热单元效率计算的两种方法如式（2-69）、式（2-70）所示：

$$\eta_d = \frac{1 - \exp[-NTU_d \cdot (1 - Cr_d)]}{1 - Cr_d \cdot \exp[-NTU_d \cdot (1 - Cr_d)]}$$

$$\left(NTU_d = \frac{K_d A_d}{m_1 c_p}, Cr_d = \frac{m_p c_p}{m_s c_{sd}}\right) \tag{2-69}$$

$$\eta_d = \frac{t'_p - t_{p,turn}}{t'_p - t_{wb,s,turn}} \tag{2-70}$$

同理，将凝结区域的改进传热系数描述为式（2-71）：

$$K_{ew} = \left(\frac{1}{\alpha_{pw}} + \frac{\delta}{\lambda} + \frac{\delta_w}{\lambda_w} + \frac{1}{\alpha_{ew}}\right)^{-1} \tag{2-71}$$

凝结区域 IEC 单元效率的两种计算方法如式（2-72）、式（2-73）所示：

$$\eta_w = \begin{cases} \dfrac{1 - \exp[-NTU_w \cdot (1 - Cr_w)]}{1 - Cr_w \cdot \exp[-NTU_w \cdot (1 - Cr_w)]}, Cr_w = \dfrac{(mc_w)_{min}}{(mc_w)_{max}}, NTU_w = \dfrac{K_w A_w}{(mc_w)_{min}} \\ \dfrac{NTU_w}{1 + NTU_w}, Cr_w = 1, NTU_w = \dfrac{K_w A_w}{m_p c_{pw}}(m_s c_{sw} = m_p c_{sw}) \end{cases}$$

$$\tag{2-72}$$

$$\eta'_{w} = \begin{cases} \dfrac{t_{wb,p,turn} - t''_{wb,p}}{t_{wb,p,turn} - t'_{wb,s}} & (m_{p}c_{pw} \leqslant m_{s}c_{sw}) \\[3mm] \dfrac{t_{wb,s,turn} - t'_{wb,s}}{t_{wb,p,turn} - t'_{wb,s}} & (m_{p}c_{pw} > m_{s}c_{sw}) \end{cases} \tag{2-73}$$

在凝结区与非凝结区分离的转折点，表面温度则等于新风入口的露点温度，转折点的热平衡方程可以表示为式（2-74）、式（2-75）：

$$a_1 \cdot (t_{p,turn} - t'_{p,dew}) = a_{sd} \cdot (t'_{p,dew} - t_{wb,s,turn}) \tag{2-74}$$

$$t_{wb,p,turn} = f(t_{p,turn}, d'_p) \tag{2-75}$$

部分凝结状态下的整体热平衡方程表示为式（2-76）、式（2-77）：

$$m_p \cdot c_p \cdot (t'_p - t_{1,turn}) = m_s \cdot c_{sd} \cdot (t''_{wb,s} - t_{wb,s,turn}) \tag{2-76}$$

$$m_p \cdot c_{pw} \cdot (t_{wb,p,turn} - t''_{wb,1}) = m_s \cdot c_{sw} \cdot (t_{wb,s,turn} - t'_{wb,s}) \tag{2-77}$$

2.3.6　判断凝结状态的方法

判断凝结态的流程如图 2-12 所示，它通过三个步骤实现：做出假设，比较露点温度和板表面温度并验证假设。

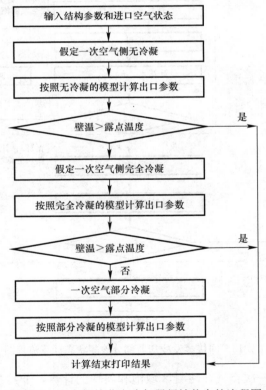

图 2-12　判断间接蒸发冷却器凝结状态的流程图

2.3.7　计算流程

采用移动边界法，间接蒸发冷却器在部分冷凝状态下的计算流程图如图 2-13 所示。整个计算流程由四个循环组成，分别为：冷凝区域转折点温度的计算，二次空气在非冷凝

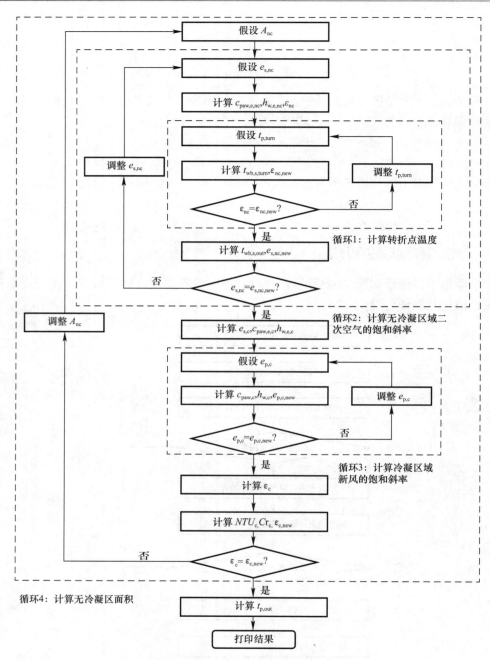

图 2-13　间接蒸发冷却器部分冷凝状态计算流程图

区域饱和斜率的计算，一次空气在冷凝区域饱和斜率的计算，非冷凝区域面积的计算。在第一个循环中，通过调整转折点温度，使得无冷凝区域两种方法下计算出的湿球效率之差在误差范围之内。如果差值大于允许误差，则继续调整转折点温度。如果差值小于允许误差，则认为转折温度的计算闭合。在第二个循环中，通过调整非冷凝区域饱和空气斜率，使得计算出的饱和空气斜率和预设的饱和空气斜率之差在一定的误差范围内。在第三个循环中，通过调整冷凝区域饱和空气斜率，使得计算出的斜率和预设的斜率之差在一定的误差范围内。在第四个循环中，通过调整非冷凝区域的面积，使得计算出的湿球效率和预设的湿球效率之差在一定的误差范围内。

2.4 模型验证

建立的模型从两种不同的情况进行了验证：（1）间接蒸发冷却器处于非冷凝状态；（2）间接蒸发冷却器处于冷凝状态。首先，在非冷凝的状态下，使用 Alonso 的实验数据来验证间接蒸发冷却器的出口空气温度。在模拟中，设定的几何形状和入口空气条件与实验中给出的完全相同。模拟结果与实验数据的比较如图 2-14 所示。结果发现，简化的模型可以准确预测间接蒸发冷却器的性能，最大偏差为 5.5%，出口空气温度平均偏差为 2.7%。

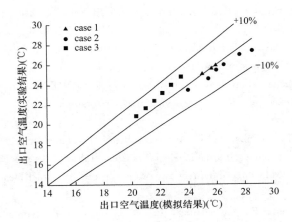

图 2-14　模拟结果与实验结果的比较（非冷凝）

接下来，在凝结态下，将简化模型的模拟结果与最新发表论文的数值模拟结果进行了比较。采用温度为 25℃，相对湿度为 50% 的空调房间排出的空气作为二次空气，对新风进行预冷。入口新风的温度范围为 30～37.5℃，相对湿度（RH）为 70%～90%。简化模型和文中数值模型的比较见表 2-2。从表中可以看出，简化的模型可以准确预测出口空气温度，平均偏差为 3.8%，最大偏差为 6.6%。预测新风的出口含湿量的平均偏差为 3.0%，最大偏差为 6.9%。出口空气湿度的偏差可归因于模型采用了的不同质量传递理论。数值模型基于 Fick 渗透定律，而简化的模型基于传热传质的类比定律。

简化模型与数值模型的比较（有冷凝）　　　　　　　　　　表 2-2

温度	$RH=0.7$			$RH=0.8$			$RH=0.9$		
	简化模型	数值模型	误差	简化模型	数值模型	误差	简化模型	数值模型	误差
出口空气温度（℃）									
30	22.5	21.9	2.9%	22.0	22.7	6.6%	24.9	23.6	5.9%
32.5	23.5	23.1	1.6%	26.0	24.3	6.6%	26.7	25.6	4.1%
35	25.6	24.9	2.6%	27.6	26.4	4.5%	28.4	27.9	2.0%
37.5	28.5	27.0	5.5%	29.4	28.7	2.4%	30.4	30.3	0.3%

续表

温度	RH=0.7			RH=0.8			RH=0.9		
	简化模型	数值模型	误差	简化模型	数值模型	误差	简化模型	数值模型	误差
出口空气含湿量（g/kg）									
30	16.9	16.6	1.8%	18.2	17.4	4.4%	19.7	18.3	6.9%
32.5	18.6	17.9	3.5%	20.3	19.3	4.9%	21.9	20.9	4.6%
35	20.5	19.9	2.9%	22.5	21.8	3.1%	24.5	23.9	2.4%
37.5	22.8	22.6	0.9%	25.0	25.1	0.4%	27.5	27.6	0.4%

本章参考文献

[1] ［美］约翰·瓦特. 蒸发冷却空调技术手册. 黄翔，武俊梅译. 北京：机械工业出版社，2008.

[2] 黄翔. 蒸发冷却空调理论与应用. 北京：中国建筑工业出版社，2010.

[3] 连之伟. 热质交换原理与设备（第三版）. 北京：中国建筑工业出版社，2011.

[4] Nottage, H. B. Merke's cooling diagramas a performance correlation for air-water evaporative cooling system. ASHRAE Transactions, 1941，47：429-431.

[5] M. Poppe，H. Rögener. Berechnung von Rückkühlwerken, VDI-Wärmeatlas, 2006：1228-1242.

[6] Pescod，D. A heat exchanger for energy saving in an air-conditioning plant. ASHRAE Transactions，1979，85（2）：238-251.

[7] Maclaine-cross, I. L.. Banks, P. J. A general theory of wet surface heat exchangers and its application to regenerative cooling. Journal of Heat Transfer, 1981，103（8）：579-585.

[8] Erens P，Dreyer A. Modelling of indirect evaporative air coolers. Int J Heat Mass Tran, 1993，36：17-26.

[9] J. F. San Jose Alonso，F. J. Martínez，E. V. Gomez，et al. Simulation model of an indirect evaporative cooler. Energy Build, 1998，29（1）：23-27.

[10] Stoitchkov NJ, Dimitrov GI. Effectiveness of crossflow plate heat exchanger for indirect evaporative cooling. Int J Refrig, 1998，21：463-471.

[11] R. Chengqin, Y. Hongxing. An analytical model for the heat and mass transfer processes in indirect evaporative cooling with parallel/counter flow conflgurations. Int. J. Heat Mass Transf. 2006，49（3）：617-627.

[12] A. Hasan. Indirect evaporative cooling of air to a sub-wet bulb temperature Appl. Therm. Eng.，2010（30）：2460-2468.

[13] A. Hasan. Going below the wet-bulb temperature by indirect evaporative cooling：analysis using a modifled ε-NTU method. Appl. Energy. 2012，89（1）：237-245.

[14] P. Stabat, D. Marchio, Simplifled model for indirect-contact evaporative cooling-tower behavior，Appl. Energy，2004，78（4）：433-451.

[15] Z. Liu, W. Allen, M. Modera. Simplifled thermal modeling of indirect evaporative heat exchangers. HVAC&R Res. 2013，19（3）：257-267.

[16] R. Chengqin, L. Nianping, T. Guangfa, Principles of exergy analysis in HVAC and evaluation of evaporative cooling schemes. Build Environ. 2002，37（11）：1045-1055.

[17] 任承钦. 蒸发冷却焖分析及板式换热器的设计与模拟研究. 湖南大学，2001.

[18] Ghassem Heidarinejad, Shahab Moshari. Novel modeling of an indirect evaporative cooling system with cross-flow conflguration. Energy and Buildings，2015，92：351-362.

[19] X. Cui, K. J. Chua, M. R. Islam, W. M. Yang. Fundamental formulation of a modifled LMTD method to study indirect evaporative heat exchangers. Energy Conversion and Management, 2014, 88: 372-381.

[20] X. Cui, K. J. Chua, M. R. Islam, et al. Performance evaluation of an indirect pre-cooling evaporative heat exchanger operating in hot and humid climate. Energy Conversion and Management, 2015, 102: 140-150.

[21] Yi Chen, Hongxing Yang, Yimo Luo. Indirect evaporative cooler considering condensation from primary air: Model development and parameter analysis. Building and Environment, 2016, 95: 330-345.

[22] Yi Chen, Hongxing Yang, Yimo Luo. Parameter sensitivity analysis and conflguration optimization of indirect evaporative cooler (IEC) considering condensation. Applied Energy, 2017, 194: 440-453.

[23] Yi Chen, Yimo Luo, Hongxing Yang, A simplifled analytical model for indirect evaporative cooling considering condensation from fresh air: Development and application. Energy and Buildings, 2015, 108: 387-400.

[24] Chen P L, Qin H M, Huang Y J, et al. A heat and mass transfer model for thermal and hydraulic calculations of indirect evaporative cooler performance. ASHARE Transactions, 1991, 97 (2): 852-865.

[25] 陈沛霖. 间接蒸发空气冷却器热工计算的改进模型及其实验验证. 制冷学报, 1992, 2: 22-26.

[26] 周孝清, 陈沛霖. 间接蒸发冷却器的设计计算方法. 暖通空调, 2000, 30 (1): 39-42.

[27] 王芳, 武俊梅, 黄翔, 汪周建. 管式间接蒸发空气冷却器传热传质模型的建立及验证. 制冷与空调, 2010, 10 (1): 45-50.

[28] Wojciech Zalewski, Piotr Antoni Gryglaszewski. Mathematical model of heat and mass transfer processes in evaporative fluid coolers. Chemical Engineering and Processing, 1997, 36: 271-280.

[29] W. Nusselt. Die oberflachenkondensation des wasserdampfes. VDI Zeitschrift, 1916, 60: 569-578.

[30] G. Desrayaud, G. Lauriat. Heat and mass transfer analogy for condensation of humid air in a vertical channel. Heat and Mass Transfer, 2001, 37: 67-76.

[31] Asis Giri, Dipanka Bhuyan, Biplab Das. A study of mixed convection heat transfer with condensation from a parallel plate channel. International Journal of Thermal Sciences. 2015, 98: 165-178.

第3章 间接蒸发冷却传热传质过程的数值解法

3.1 数值求解的基本思想

3.1.1 基本思想

间接蒸发冷却传热传质过程较为复杂，难以通过解析解的形式表达，通常采用数值方法求解。数值求解的基本思想可以表达为：把时间和空间上连续变化的物理量用有限个离散点对应的值来表示，通过求解关于这些值的代数方程来获得离散点上被求解物理量的值。这些离散点的被求解物理量值的集合称为该物理量的数值解。这一基本思想可以用流程图表示，如图 3-1 所示。

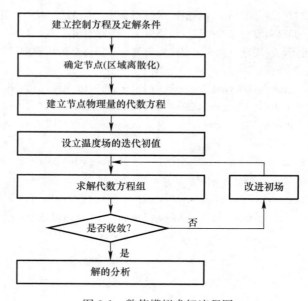

图 3-1 数值模拟求解流程图

3.1.2 基本步骤

本节以图 3-2 中二维常物性、无内热源、稳态导热问题为例对数值求解的基本流程进行详细分析。

1. 建立控制方程及定解条件

控制方程即描述物理问题的微分方程。对于本例中的二维稳态导热问题而言，就是导热微分方程。

$$\frac{\partial^2 t}{\partial x^2} + \frac{\partial^2 t}{\partial y^2} = 0 \tag{3-1}$$

为节省篇幅，不再一一写出边界条件、初始条件等定解条件。定解条件的数值离散思想同控制方程类似，本节不再赘述。

2. 区域离散化

如图 3-2 所示，采用多条与坐标轴平行的网格线把求解区域划分成许多子区域，以网格线焦点作为需要确定温度值的空间位置，称为节点。相邻两节点间的距离称为步长，记为 Δx、Δy。为简便起见，图 3-2 中，x 及 y 方向的步长是各自均分的。根据实际问题的需要，网格的划分常常不是均分的。节点的位置采用该点在两个方向上的标号 x'，y' 来表示。

每个节点都可以看作以它为中心的一小块区域的代表。图 3-2 中的阴影区域即是节点 (x', y') 所代表的区域，它由相邻两节点连线的中垂线构成，称为元体，又叫控制容积。

3. 建立节点物理量的代数方程

节点上物理量的代数方程称为离散方程。如何建立离散方程是数值求解方法十分重要的一步。这里以节点 (x', y') 的代数方程为例，进行详细介绍。

根据泰勒级数展开公式，如式（3-2）所示。

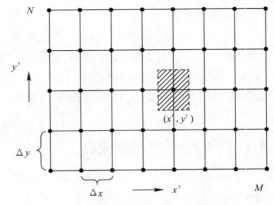

图 3-2　求解区域数值离散网格及节点

$$\left.\frac{\partial^2 t}{\partial x^2}\right|_{x',y'} = \frac{t_{x'+1,y'} - 2t_{x',y'} + t_{x'-1,y'}}{\Delta x^2} + O(\Delta x^2) \tag{3-2}$$

其中，$O(\Delta x^2)$ 称为截断误差，表示未明确写出的级数余项中 Δx 的最低阶数为 2，其相对于相邻节点温度的代数值较小，数值计算中可将其忽略，仅采用三个相邻节点上的值作为二阶导数的近似代数表达式，如式（3-3）所示。

$$\left.\frac{\partial^2 t}{\partial x^2}\right|_{x',y'} = \frac{t_{x'+1,y'} - 2t_{x',y'} + t_{x'-1,y'}}{\Delta x^2} \tag{3-3}$$

故导热微分方程式（3-1）可表示为式（3-4），

$$\frac{t_{x'+1,y'} - 2t_{x',y'} + t_{x'-1,y'}}{\Delta x^2} + \frac{t_{x',y'+1} - 2t_{x',y'} + t_{x',y'-1}}{\Delta y^2} = 0 \tag{3-4}$$

当 $\Delta x = \Delta y$ 时，式（3-3）可改写为式（3-5），该式为计算区域内部节点的代数方程。为简便起见，这里仅以内节点为例，省去温度未知的边界节点的代数方程的建立方法。

$$t_{x',y'} = \frac{1}{4}(t_{x'+1,y'} + t_{x'-1,y'} + t_{x',y'+1} + t_{x',y'-1}) \tag{3-5}$$

4. 设立温度场的迭代初场

代数方程组的求解方法有直接解法和迭代法两大类。在传热问题的有限差分解法中，主要采用迭代法。采用此法求解时，需对求解域先假定一个解，称为初场，在求解过程中这一温度场不断得到改进，最终得到问题的解。

5. 求解代数方程组

若边界条件的温度均未知，则对于 $x' \times y'$ 个节点都需要建立起类似于式（3-5）的离散方程，一共 $x' \times y'$ 个代数方程，构成了一个封闭的代数方程组。在实际工程问题的计算中，代数方程的个数一般在 $10^3 \sim 10^6$ 的数量级，只有利用现代计算机才能获得所需的解。图 3-1 的数值模拟求解流程图是针对常物性、无内热源的问题的。对于这种问题，代数方程一经建立，其中各项的系数在整个求解过程中不再变化，称为线性问题。该问题判断是否收敛是指判断用迭代方法求解代数方程是否收敛，即本次迭代计算所得之解的偏差是否小于允许值。如果物性为温度的函数，则式（3-5）右端 4 个邻点温度的系数不再是常数，而是温度的函数。这些系数在迭代过程中要不断更新，这时求解的问题为非线性问题。

6. 解的分析

获得物体中的温度分布往往不是最终目的。所得的温度场进一步用于计算热流量或计算设备、零部件的热应力及热变形等，才能更好地解决工程问题。根据数值计算所获得的温度场和所需的其他物理量可进行工程问题的定性或定量分析。

3.1.3　CFD 软件求解流程

Computational Fluid Dynamics（CFD）即计算流体动力学，是使用离散化的数值方法，通过计算机对所研究的流体进行数值模型分析研究的一门学科。随着计算机的发展，越来越多的无法进行实验而且理论分析又无法解决的流体力学问题都可以通过 CFD 得到完美的解决。采用 CFD 软件进行数值模拟，用户只需利用软件工具建立模型、划分网格，选择合适的控制方程，软件即可自行进行控制方程的离散和建立代数方程组迭代求解，求解完成后通常可导出模拟数据、采用后处理软件画出二维或三维计算域场。

本小节将介绍利用 CFD 软件进行数值模拟的基本方法，数字模拟流程如图 3-3 所示。

首先需要确定计算目标，预期的计算结果，将工程实际问题抽象为计算模型，考虑三维问题是否可以简化为二维问题，是否可以使用面对称边界。

再者，确定模型的计算域，利用前处理软件进行几何建模和网格划分，并设定各个面上的边界条件类型。

其次，确定物理模型：是否需要考虑能量方程，是否需要应用多项流、组分模型；模型中流体流动为层流或湍流，定常或非定常，可压缩或不可压缩；软件内置的模型是否可以解决该工程问题，是否需要使用用户自定义函数（C 语言编写）；该问题的求解需要多大程度的准确性，求

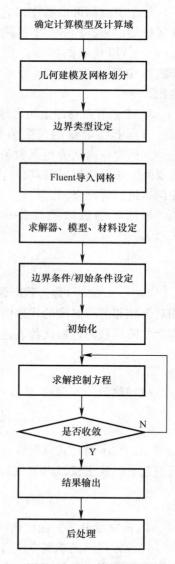

图 3-3　CFD 软件的数值
模拟流程

解完成的时间是否有要求。确定求解器时，考虑选择哪一种求解格式在保证精度的情况下可加快收敛，是否需要使用高阶格式。

最后根据计算获得的收敛结果，分析计算结果是否正确，模型上是否需要改进。对已确认的计算结果进行后处理分析。

1. 前处理

在将实际工程问题抽象为计算模型后，在使用 ANSYS Fluent 计算前需要进行前处理。前处理软件主要有 Gambit、ICEM CFD、TGRID 等。Fluent 的前处理主要包括以下三个方面：

（1）几何模型的建立。计算模型的几何结构可以在前处理软件中直接绘制，也可以通过其他专业建模软件包括 Pro/E、SolidWorks、CATIA、UG 等将已经建立好的模型导入前处理软件中。

（2）将几何模型离散成网格。ANSYS Fluent 使用非结构化网格，能够在二维空间中处理三角形、四边形网格，在三维空间中处理四面体、六面体、金字塔、楔形、多面体等类型网格，可以在前处理网格划分时，使用合适的网格类型，将待求解的几何模型离散成网格。在保证求解精度的同时，尽可能减少网格数量，提高求解速度。

（3）指定模型的边界条件类型，并输出网格文件。

2. Fluent 求解计算

在使用 Fluent 求解时，需要先选定求解问题用到的模型，给定边界条件、初始条件值，然后使用其内置的求解器完成求解计算。求解器的核心是数值求解算法，常用的数值求解方法包括有限差分法、有限元法、谱方法和有限体积法等。ANSYS Fluent 软件使用有限体积法进行计算，有限体积法是计算流体力学和计算传热学中应用最广泛的数值离散方法，它的求解过程包括使用简单函数近似待求的流动变量；将该近似关系代入连续性的控制方程中，形成离散方程；求解代数方程组。

3. 后处理

ANSYS FLUENT 软件本身具有强大的后处理，可以以多种方式输出计算结果，方便地显示可视化流场的区域，例如显示速度矢量图、等温线、压力云图、流线图、生成流场变化动画，报告流量、力界面积分、体积分等信息。在计算结果的后处理方面，还有 CFD-Post、Tecplot 等多款软件可以协助完成计算结果的分析。

3.2　离散方程及代数方程的建立

3.2.1　通用型流动控制方程

在数值计算中，方程的离散是把原来在空间与时间坐标中连续的物理量场，用一系列有限个离散点上的值的集合来代替，建立起离散方程，求解所建立的代数方程，以获得所求解的近似值。

流体流动问题的控制方程，无论是连续性方程、动量方程，还是能量方程，都可写成式（3-6）的通用形式：

$$\frac{\partial(\rho u \Phi)}{\partial t} + \mathrm{div}(\rho u \Phi) = \mathrm{div}(\Gamma \mathrm{grad} \Phi) + S \tag{3-6}$$

以一维稳态问题为例，其控制方程如式（3-7）所示：

$$\frac{\mathrm{d}(\rho u \Phi)}{\mathrm{d}x} = \frac{\mathrm{d}}{\mathrm{d}x}\left(\Gamma \frac{\mathrm{d}\Phi}{\mathrm{d}x}\right) + S \tag{3-7}$$

上式中，从左到右分别为对流项、扩散项和源项。方程中 Φ 是广义变量，可以是速度、温度或浓度等一些待求的物理量。Γ 是相应于 Φ 的广义扩散系数，S 为广义源项。

将方程在控制体积上积分，可得到式（3-8）：

$$\int_{\Delta V} \frac{\mathrm{d}(\rho u \Phi)}{\mathrm{d}x} \mathrm{d}V = \int_{\Delta V} \frac{\mathrm{d}}{\mathrm{d}x}\left(\Gamma \frac{\mathrm{d}\Phi}{\mathrm{d}x}\right) \mathrm{d}V + \int_{\Delta V} S \mathrm{d}V \tag{3-8}$$

其中，ΔV 为控制体的体积，当控制体很小时，ΔV 可以表示为 $\Delta V \cdot A$，其中 A 为控制体积界面的面积。

将式（3-8）积分可得式（3-9）：

$$(\rho u \Phi A)_{\mathrm{e}} - (\rho u \Phi A)_{\mathrm{w}} = \left(\Gamma A \frac{\mathrm{d}\Phi}{\mathrm{d}x}\right)_{\mathrm{e}} - \left(\Gamma A \frac{\mathrm{d}\Phi}{\mathrm{d}x}\right)_{\mathrm{w}} + S\Delta V \tag{3-9}$$

其中，下标 e、w 表示控制体两端界面。

上式中对流项和扩散项均已转化为控制体积界面上的值。在有限体积法中，ρ、u、Γ、Φ 和 $\frac{\mathrm{d}\Phi}{\mathrm{d}x}$ 均是在节点处定义计算的，界面的物理量需要通过插值的方式由节点的物理量来表示。

3.2.2　线性离散方程

线性近似是计算界面物性值最直接、最简单的方式，这种分布叫中心差分。如果网格是均匀的，那么单个物理参数（以扩散系数 Γ 为例）的线性插值结果如式（3-10）所示：

$$\begin{cases} \Gamma_{\mathrm{e}} = \dfrac{\Gamma_{\mathrm{P}} + \Gamma_{\mathrm{E}}}{2} \\[2mm] \Gamma_{\mathrm{w}} = \dfrac{\Gamma_{\mathrm{w}} + \Gamma_{\mathrm{P}}}{2} \end{cases} \tag{3-10}$$

$(\rho u \Phi A)$ 的线性插值结果如式（3-11）所示：

$$\begin{cases} (\rho u \Phi A)_{\mathrm{e}} = (\rho u)_{\mathrm{e}} A_{\mathrm{e}} \dfrac{\Phi_{\mathrm{P}} + \Phi_{\mathrm{E}}}{2} \\[2mm] (\rho u \Phi A)_{\mathrm{w}} = (\rho u)_{\mathrm{w}} A_{\mathrm{w}} \dfrac{\Phi_{\mathrm{w}} + \Phi_{\mathrm{P}}}{2} \end{cases} \tag{3-11}$$

与梯度相关的扩散通量的线性插值结果如式（3-12）所示：

$$\begin{cases} \left(\Gamma A \dfrac{\mathrm{d}\Phi}{\mathrm{d}x}\right)_{\mathrm{e}} = \Gamma_{\mathrm{e}} A_{\mathrm{e}} \dfrac{\Phi_{\mathrm{E}} - \Phi_{\mathrm{P}}}{(\delta x)_{\mathrm{e}}} \\[3mm] \left(\Gamma A \dfrac{\mathrm{d}\Phi}{\mathrm{d}x}\right)_{\mathrm{w}} = \Gamma_{\mathrm{w}} A_{\mathrm{w}} \dfrac{\Phi_{\mathrm{P}} - \Phi_{\mathrm{w}}}{(\delta x)_{\mathrm{w}}} \end{cases} \tag{3-12}$$

对于源项 S，它通常是时间和物理量 Φ 的函数。为简化处理，将 S 转化为如下线性方程：

$$S = S_{\mathrm{C}} + S_{\mathrm{P}} \Phi_{\mathrm{P}} \tag{3-13}$$

其中，S_C 为常数，S_P 为随时间和物理量 Φ 变化的项。

整理式（3-9）～式（3-13）可得式（3-14）：

$$(\rho u)_e A_e \frac{\Phi_P + \Phi_E}{2} - (\rho u)_w A_w \frac{\Phi_w + \Phi_P}{2} = \Gamma_e A_e \frac{\Phi_E - \Phi_P}{(\delta x)_e} - \Gamma_w A_w \frac{\Phi_P - \Phi_w}{(\delta x)_w} + (S_C + S_P \Phi_P)\Delta V$$

$$(3\text{-}14)$$

整理后得式（3-15）：

$$\left[\frac{\Gamma_e}{(\delta x)_e}A_e + \frac{\Gamma_w}{(\delta x)_w}A_w - S_P \Delta V\right]\Phi_P = \left[\frac{\Gamma_w}{(\delta x)_w}A_w + \frac{(\rho u)_w}{2}A_w\right]\Phi_w +$$
$$\left[\frac{\Gamma_e}{(\delta x)_e}A_e - \frac{(\rho u)_e}{2}A_e\right]\Phi_E + S_C \Delta V \qquad (3\text{-}15)$$

式（3-15）可简记为式（3-16）：

$$a_P \Phi_P = a_w \Phi_w + a_E \Phi_E + b \qquad (3\text{-}16)$$

$$\begin{cases} a_w = \frac{\Gamma_w}{(\delta x)_w}A_w + \frac{(\rho u)_w}{2}A_w \\ a_E = \frac{\Gamma_e}{(\delta x)_e}A_e - \frac{(\rho u)_e}{2}A_e \\ a_p = \frac{\Gamma_e}{(\delta x)_e}A_e + \frac{\Gamma_w}{(\delta x)_w}A_w - S_P \Delta V \\ b = S_C \Delta V \end{cases}$$

根据 $a_P \Phi_P = a_w \Phi_w + a_E \Phi_E + b$，每个节点上都可建立此离散方程，通过求解方程组得到各物理量在各节点处的值。

3.3 相变模型调节系数的确定

高温高湿地区，空气中水蒸气含量较高，此时间接蒸发冷却换热器一次空气侧会出现冷凝现象。在相变系数模型中，调节系数 $coeff$ 的取值会直接影响到一次通道内水蒸气的冷凝量，从而影响换热器内温度分布和水蒸气浓度分布等。但调节系数 $coeff$ 中索特尔平均直径 D_{sm} 和蒸发冷凝系数等数较难确定，且在不同工程中相变模型调节系数差距较大，本章将通过实验确定间接蒸发冷却模型中相变系数模型的调节系数 $coeff$ 的取值。

依据《实用供热空调设计手册》，蒸发冷却器的迎面风速一般为 2.2～2.8m/s，每平方米迎风面积风量为 10000m³/h，对应额定风速为 2.7m/s。依据实验台设计换热器结构，建立一个 400mm×400mm 换热器模型，换热器换热板间距为 5mm，此时额定风量为 500m³/h。在空调房间中为维持房间内正压，排风量应为新风量的 0.8～0.9 倍。间接蒸发冷却器，二次风量为送风量的 60%～80% 时，换热效率较高。间接蒸发冷却能量回收系统使用室内排风作为二次空气，取二次风量为新风量的 80%，额定工况时二次风量为 400m³/h。室内设计工况，温度设定为 25℃，相对湿度为 50%。

3.3.1 调节系数对出口含湿量的影响

1. 一次侧出口含湿量

以一次风进口相对湿度 60% 为例，保持一次风量为 500m³/h，二次风量为 400m³/h，二次风进口温度为 25℃，相对湿度为 50％，取不同一次进口温度分别为 28℃（一次侧无冷凝）和 31～35℃（一次侧出现冷凝），研究调节系数 $coeff$ 的取值对一次侧出口含湿量的影响。

由图 3-4 可知，在一次进口温度为 28℃时，此时一次空气不发生冷凝，改变相变系数模型中的调节系数 $coeff$ 的取值，一次出口的含湿量变化范围为 14.25～14.29g/kg，含湿量基本保持不变，由此可知在无冷凝的时候，调节系数的变化对一次出口含湿量的影响较小。在一次侧不发生冷凝时，一次空气中的水蒸气不发生相变，产生的传质量为 0，因此调节系数的改变不会影响一次出口的含湿量值。

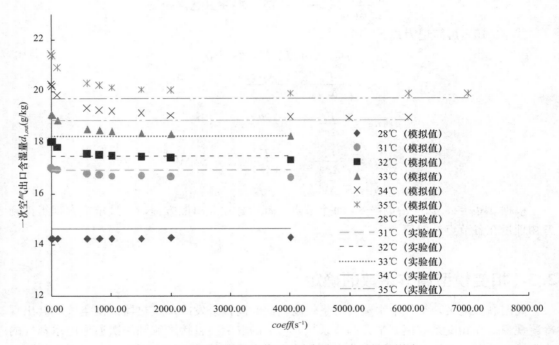

图 3-4　调节系数的取值对一次侧出口含湿量的影响

在一次进口温度变换范围为 31～35℃时，此时一次侧进出口含湿量差 Δd_1 大于零，一次通道内出现冷凝现象。由图 3-4 可知，此时一次出口含湿量随着调节系数 $coeff$ 的增大而减小，调节系数值在 0.1～600 间变化时，一次出口含湿量变化较快，随着系数取值的进一步增大，$d_{1,out}$ 的变化趋于平稳。当一次侧新风出现冷凝时，随着调节系数 $coeff$ 取值的增大，计算得到的传质量增多，一次新风中水蒸气冷凝量增大，出口含湿量减小，潜热换热量增大。

2. 二次侧出口含湿量

如图 3-5 所示，在一次进口工况 $T_{1,in}$ 分别为 28℃，31℃，32℃，34℃和 35℃，$RH_{1,in}=$ 60％时，调节系数取值的改变对二次侧含湿量基本没有影响。二次通道内喷淋液膜的蒸发过程，已处理为水的蒸发过程及水蒸气的扩散过程，并通过自定义方程（UDF）写入 CFD 程序中。而湿空气的冷凝主要发生在一次通道内，故二次出口含湿量不受调节系数取值的影响。

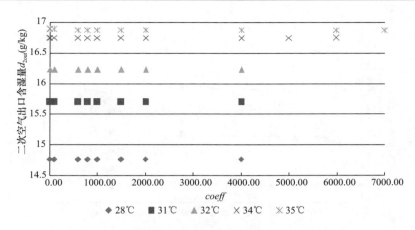

图 3-5 调节系数的取值对二次侧出口含湿量的影响

3.3.2 调节系数对出口温度的影响

1. 一次侧出口温度

如图 3-6 所示，在一次通道内无冷凝时（$T_{1,\text{in}}=28℃$），间接蒸发冷却器一次侧出口温度基本不随着调节系数 $coeff$ 取值的改变而变化。此时一次通道内不发生水蒸气的冷凝，传质量、释放的潜热量均为 0，因此调节系数变化对换热计算结果无影响。在一次进口温度 $T_{1,\text{in}}=31\sim35℃$，一次通道内出现冷凝时，一次出口温度随着调节系数取值的增大而上升。调节系数取值增大，冷凝导致的传质量增多，冷凝释放的潜热量增大，因此一次侧出口温度上升，显热换热量减小。

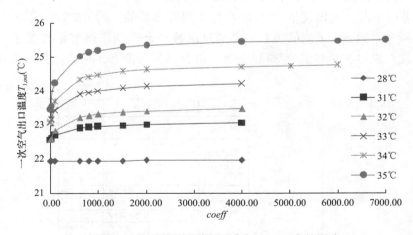

图 3-6 调节系数的取值对一次侧出口温度的影响

2. 二次侧出口温度

如图 3-7 所示，在一次通道内无冷凝时（以 $T_{1,\text{in}}=28℃$ 为例），间接蒸发冷却器二次侧出口温度基本不随着系数 $coeff$ 取值的改变而改变。此时一次侧无冷凝，冷凝传质量为 0，调节系数的变化对二次出口温度计算结果无影响。

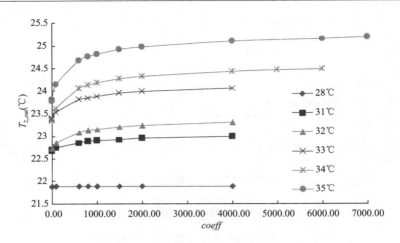

图 3-7　调节系数的取值对二次侧出口温度的影响

当一次通道内出现冷凝时,二次侧出口温度随着系数 $coeff$ 的增加而增大。一次侧出现冷凝时,调节系数 $coeff$ 值增大,冷凝量增多,冷凝释放的潜热量增大,潜热换热量增大,一次侧出口温度升高,显热交换量减小,二次侧出口温度升高,总换热量增大。

3.3.3　不同一次进口工况下调节系数的取值

相变系数模型中调节系数的取值直接影响了一次通道内湿空气中水蒸气的冷凝量,并对整个间接蒸发冷却换热器内的换热过程产生了影响。在不同的一次进口工况下,模型中调节系数的取值不同,本小节分析了模型中调节系数的取值与一次进口工况的关系,给出了调节系数的确定方法,并得出了调节系数的取值。

以一次进口工况相对湿度 60% 为例,在不同调节系数 $coeff$ 的设定下,求得一次出口含湿量与调节系数 $coeff$ 值的关系,并通过函数拟合得到了调节系数关于一次出口含湿量的关系式。以一次进口温度 33℃ 为例,拟合结果如图 3-8 所示,其余拟合结果详见表 3-1。

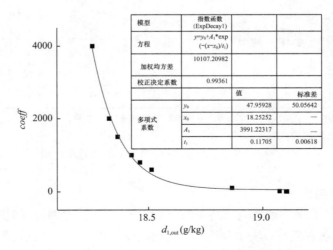

图 3-8　$T_{1,\text{in}} = 33℃$ 时 $d_{1,\text{out}}$ 与调节系数的拟合曲线

不同一次进口温度下 $d_{1,out}$ 与调节系数 $coeff$ 的拟合曲线　　　　表 3-1

拟合关系式：$y=y_0+A_1 \cdot \exp[-(x-x_0)/t_1]$		$T_{1,in}=31℃$	$T_{1,in}=32℃$	$T_{1,in}=33℃$	$T_{1,in}=34℃$	$T_{1,in}=35℃$
y_0	数值 标准差	39.747 53.796	42.983 47.728	47.959 50.056	103.537 63.735	141.949 98.617
x_0	数值 标准差	16.628 —	17.332 —	18.253 —	18.937 —	19.847 —
A_1	数值 标准差	3993.497 —	3995.165 —	3991.223 —	5930.213 —	6955.143 —
t_1	数值 标准差	0.068 0.003	0.103 0.005	0.117 0.006	0.127 0.000	0.131 0.009

通过实验得到一次进口相对湿度为 60％ 时，不同进口温度下一次出口的含湿量值。代入表 3-1 的拟合曲线中，可以求的该温度下的调节系数值，结果如表 3-2 所示。

不同一次进口温度下调节系数 $coeff$ 的取值　　　　表 3-2

一次进口温度 $T_{1,in}$（℃）	$d_{1,out}$（实验）	调节系数 $coeff$
28	14.63	0.1
31	16.96	71.82
32	17.50	864.19
33	18.26	3824.23
34	18.88	9403.16
35	19.72	18474.95

调节系数 $coeff$ 的取值会直接影响间接蒸发冷却器出口工况的计算结果：调节系数取值过小时，一次出口含湿量偏大，冷凝量小，一次侧出口温度小于实际值；调节系数取值较大时，计算过程不易收敛。综合考虑调节系数对出口温湿度和数值计算收敛的影响，当调节系数小于 4000 时，调节系数根据图 3-9 所示函数得到的式（3-17）取值，调节系数大于 4000 时，$coeff$ 值取为 4000。

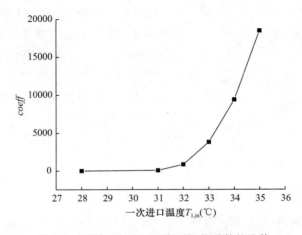

图 3-9　不同一次进口温度下调节系数的取值

$$coeff = \begin{cases} 0.1 & T_{1,\text{in}} < 30.43℃ \\ 24.47 \times \exp\left(\dfrac{T_{1,\text{in}} - 25.56}{1.40}\right) - 741.73 & 30.43℃ \leqslant T_{1,\text{in}} < 33.03℃ \\ 4000 & T_{1,\text{in}} \geqslant 33.03℃ \end{cases} \qquad (3\text{-}17)$$

3.4　间接蒸发冷却传热传质过程的数值求解

以上相变模型调节系数的确定过程为蒸发冷却器数值模拟中的参数确定奠定了基础。本节以板式叉流间接蒸发冷却器的冷却性能以及内部流场的换热情况研究为例，通过 CFD 计算流体力学软件对冷却器进行数值模拟，求解过程如图 3-10 所示。首先对模型物理问题进行合理化的假设，然后通过 CFD 软件的前处理建模模块对板式间接蒸发冷却器建模，进行合理的网格划分；其次把物理模型导入求解器里设置边界条件，对各个参数定义后进行初始化；最后对板式叉流间接蒸发器进行迭代求解，把模拟出的结果通过 CFD 后处理器进行处理。

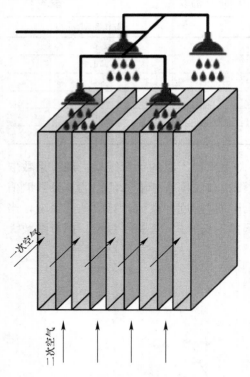

图 3-10　叉流间接蒸发冷却换热器

间接蒸发冷却问题是一个耦合的传热传质问题，传热过程与传质过程相互影响。这样，流体与固体分界面上换热的边界条件不是已知的数值，而是待求的结果之一。从数值计算上来说，应将固体区域作为动力黏度无限大的流体域，从而与真正的流体域同时进行计算。

对于图 3-10 中叉流板式间接蒸发冷却器而言，热交换器中一、二次空气垂直交叉流动，通过隔板分隔开，进行热质交换。二次通道中喷淋水与二次空气逆向流动，喷淋水在二次通道壁面形成喷淋液膜，二次空气与液膜直接接触进行热质交换。一次空气露点温度低于换热板面温度时，一次空气与换热板进行显热交换。在高温高湿地区，一次空气进口湿度较高，露点温度高。当一次空气露点温度高于换热板面温度时，临近换热板面的空气达到饱和状态，空气中的水蒸气将发生冷凝，此时一次空气与换热板除了显热交换，还将产生潜热交换。由于一次通道内冷凝水的产生，换热器内部温度场、流场和水蒸气浓度场均会受到影响，传热传质机理与无冷凝的情况相比更为复杂。

3.4.1　物理模型

以叉流间接蒸发冷却器为例，构建了一个三维稳态的间接蒸发冷却器模型。为了简化分析和模拟对象的数学模型，现作如下的假设：

（1）各组分流体为常物性不可压缩流体，由于一、二次通道间流速较小，流动雷诺数小，流动状态为层流；

（2）忽略流体流动时黏性耗散作用产生的热效应，忽略通道中浮升力的影响；

（3）水与空气、一、二次空气间的热质交换过程为稳态；

（4）二次水膜均匀润湿二次侧壁面，润湿率为1，且忽略水膜与壁面的厚度及热阻，二次侧采用表面相变模型，喷淋水的蒸发只发生在换热板表面；

（5）换热器本身与周围环境绝热。

为节约计算资源与计算时间，避免不必要的重复计算，现取一组一、二次通道中心对称面之间的区域为计算域，在参考坐标系中建立叉流间接蒸发冷却换热器计算模型，如图3-11所示。

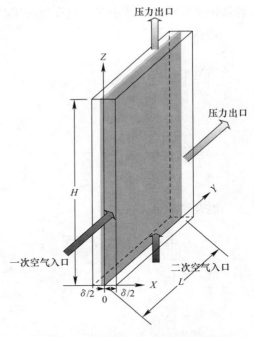

图3-11 叉流间接蒸发冷却换热器模型

3.4.2 控制方程求解

Fluent是求解流体运动、传热传质问题常用的软件之一，本节研究的间接蒸发冷却传热传质问题可以在Fluent中得到较高精度的求解。

1. 多项流模型

多项流是研究气态、液态、固态物质混合流动的学科，多项流中具有两种或两种以上不同相态、不同组分的物质。间接蒸发冷却一次通道中出现的冷凝水，二次通道内喷淋水与二次风逆流的问题均属于多项流问题。气-液多项流流动分为气泡流、液滴流、弹状流、分层/自由表面流动，其中分层/自由表面流动是指由一个清晰定义的界面分离的非混相流体的流动，间接蒸发冷却换热器中主流空气与液膜的流动存在明显的气液分界面，属于多项流中分层/自由表面流动。

多项流问题的求解方法主要分为欧拉-拉格朗日法（Euler-Lagrange Method）和欧拉-欧拉法（Euler-Euler Method），前者多用于分散相的求解，后者将各项视为相互贯穿的连续介质，混合流中任意一项的体积都不能被另一项占据。因此，引入了各相体积分数的概念，推导得到各相的守恒方程。本节选用欧拉-欧拉法进行多项流的计算。

基于欧拉-欧拉法的模型有VOF模型、混合（Mixture）模型、欧拉（Eulerian）模型。在VOF模型中，不同相的流体组分共用一套动量方程，计算时在全流场的每个计算单元内记录下各相的体积分数。混合模型中求解的是混合物的动量方程，并通过相对速度（相间滑移速度）来描述各相。欧拉模型是Fluent中最为复杂的多项流模型，它计算每一项的动量方程及连续性方程，压力和各界面交换系数耦合在一起。

间接蒸发冷却换热器模型中，空气与水两相间存在明显的速度差异，混合模型与欧拉模型相比，少求解一部分方程，计算量小，且复杂的欧拉模型比混合模型计算稳定性差，收敛困难。因此本节中多项流模型选用了混合模型。

连续性方程：

$$\nabla \cdot (\rho_m \vec{u}_m) = 0 \tag{3-18}$$

质量平均流速：

$$\vec{u}_m = \frac{\sum\limits_{k=1}^{n} \propto_k \rho_k \vec{u}_k}{\rho_m} \tag{3-19}$$

混合物密度：

$$\rho_m = \sum_{k=1}^{n} \alpha_k \rho_k \tag{3-20}$$

混合物动量方程：

$$\nabla \cdot (\rho_m \vec{u}_m \vec{u}_m) = -\nabla p + \nabla \cdot \left[\mu_m (\nabla \vec{u}_m + \vec{u}_m^T) \right] + \rho_m \vec{g} + \vec{F} + \nabla \cdot \left(\sum_{k=1}^{n} \alpha_k \rho_k \vec{u}_{dr,k} \vec{u}_{dr,k} \right) \tag{3-21}$$

$$\vec{u}_{dr,k} = \vec{u}_k - \vec{u}_m \tag{3-22}$$

能量方程：

$$\nabla \cdot \sum_{k=1}^{n} (\alpha_k \vec{u}_k (\rho_k E_k + p)) = \nabla \cdot (k_{eff} \nabla T) + S_E \tag{3-23}$$

式中　α_k——k 相的体积分数；

n——相个数，个；

$\vec{F}$——体积力，N/m^3；

μ_m——混合物黏度，$N \cdot s/m^2$；

$\vec{u}_{dr,k}$——第二相漂移速度，m/s；

k_{eff}——有效导热率，$W/(m \cdot K)$。

2. 组分运输模型

高温高湿地区间接蒸发冷却模型中，一次空气存在水蒸气冷凝现象，二次空气中有喷淋水相变过程，一、二次通道内水蒸气浓度的变化同时影响着模型内浓度场、速度场、温度场分布。此时，空气不能再被视为一种常物性的单一流体，需要考虑其中水蒸气与干空气含量的变化，因此引入了组分运输模型。

平衡方程：

$$\nabla \cdot (\rho \vec{v} Y_i) = -\nabla \cdot \vec{J}_l + R_i + S_i \tag{3-24}$$

式中　Y_i——第 i 相组分的质量分数；

R_i——第 i 相组分通过化学反应产生的净含量；

S_i——用户定义的源中第 i 相组分产生的量。

层流流动中的物质扩散通量：

$$\vec{J}_l = -\rho D_{i,m} \nabla Y_i - D_{T,i} \frac{\nabla T}{T} \tag{3-25}$$

式中　$D_{i,m}$——组分 i 在混合物中的质扩散系数；

$D_{T,i}$——组分 i 在混合物中的热扩散系数。

3. 相变系数模型

从气体动力学理论进行微观分析：蒸发/冷凝现象是由于一些分子从气液界面逃逸/被气液界面吸收，如图 3-12 所示。

如果气液界面处于平衡状态，那么从界面逃逸的分子数与界面吸收的分子数是相等的。当气体环境足够大时，界面附件的蒸汽分子可以用麦克斯韦分布 $f_0(\vec{r},\vec{u})$ 表征，考虑界面 x 方向上的蒸汽冷凝过程，蒸汽整体在 x 方向上有一指向界面的速度 U，Schrage 将麦克斯韦分布修正为式（3-26）：

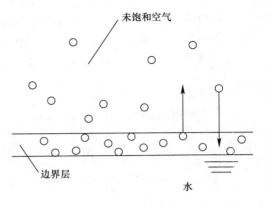

图 3-12 液膜表面水蒸气蒸发

$$f_{\mathrm{U}} = n\left(\frac{m}{2kpT}\right)^{3/2}\exp\left(-\frac{m}{2kT}\left[(u_{\mathrm{x}}-U)^2 + u_{\mathrm{y}}^2 + u_{\mathrm{x}}^2\right]\right) \tag{3-26}$$

由于一部分气体分子在界面处被反射回蒸汽环境，因而存在冷凝系数 $\sigma_{\mathrm{c}}(0<\sigma_{\mathrm{c}}<1)$，可得 x 方向上的冷凝质量流率：

$$j_+ = m\int\sigma_{\mathrm{c}}u_{\mathrm{x}}f_{\mathrm{u}}(x,\vec{u})\mathrm{d}^3\vec{u} = m\iiint\sigma_{\mathrm{c}}v_{\mathrm{x}}f_{\mathrm{U}}(x,\vec{u})\mathrm{d}u_{\mathrm{x}}u_{\mathrm{y}}u_{\mathrm{z}} \tag{3-27}$$

同理可得蒸发质量流率：

$$j_- = m\int\sigma_{\mathrm{e}}u_{\mathrm{x}}f_{-\mathrm{u}}(x,\vec{u})\mathrm{d}^3\vec{u} = m\iiint\sigma_{\mathrm{e}}v_{\mathrm{x}}f_{-\mathrm{U}}(x,\vec{u})\mathrm{d}u_{\mathrm{x}}u_{\mathrm{y}}u_{\mathrm{z}} \tag{3-28}$$

联合上两式，通过气液界面的净质量流率：

$$j = j_+ - j_- \tag{3-29}$$

蒸发系数 σ_{e} 和冷凝系数 σ_{c} 作为热平衡参数，通常可认为是相等的，即 $\sigma=\sigma_{\mathrm{e}}=\sigma_{\mathrm{c}}$。积分化简可得 Hertz-Knudsen 方程：

$$j = \frac{2\sigma}{2-\sigma}\sqrt{\frac{M}{2\pi R}}\left(\frac{P_{\mathrm{v}}}{\sqrt{T_{\mathrm{v}}}} - \frac{P_l}{\sqrt{T_l}}\right) \tag{3-30}$$

定义调节系数 a_{c}，表示冷凝（蒸发）速度的实验值与理论最大值的一个比值，如式（3-31）：

$$a_{\mathrm{c}} = \frac{2\sigma}{2-\sigma} \tag{3-31}$$

饱和状态下蒸汽压力与温度的关系可由 Clausius-Claoeyron 方程表述成公式（3-32）：

$$\frac{\mathrm{d}p}{\mathrm{d}T} = \frac{h_{\mathrm{fg}}}{T\left(\dfrac{1}{\rho_{\mathrm{v}}} - \dfrac{1}{\rho_l}\right)} \tag{3-32}$$

在蒸汽饱和点附近，式（3-32）可写成式（3-33）：

$$p - p_{\mathrm{sat}} = \frac{h_{\mathrm{fg}}}{T\left(\dfrac{1}{\rho_{\mathrm{v}} - \rho_l}\right)}(T - T_{\mathrm{sat}}) \tag{3-33}$$

将式（3-33）代入式（3-30），可得式（3-34）：

$$j = a_{\mathrm{c}}\sqrt{\frac{M}{2\pi R T_{\mathrm{sat}}}}\frac{\rho_l\rho_{\mathrm{v}}}{\rho_l - \rho_{\mathrm{v}}}\frac{T_{\mathrm{sat}} - T}{T_{\mathrm{sat}}} \tag{3-34}$$

在数值模拟中，相变传质是通过在控制方程中添加源项实现的，源项作用于控制体，需要将单位面积冷凝率[kg/(m²·s)]转化为单位体积冷凝率[kg/(m³·s)]，引入相界面表面积 A_f 与界面处控制体体积 V_c 的比值 a_i，如式（3-35）所示：

$$a_i = \frac{A_f}{V_c} \tag{3-35}$$

冷凝质量源项可写为式（3-36）：

$$\dot{m}_c = a_i a_c \sqrt{\frac{M}{2\pi R T_{sat}}} \frac{\rho_l \rho_v}{\rho_l - \rho_v} \frac{T - T_{sat}}{T_{sat}} \tag{3-36}$$

冷凝能量源项可写为式（3-37）：

$$Q_c = m_c L_H = a_i a_c \sqrt{\frac{M}{2\pi R T_{sat}}} \frac{\rho_l \rho_v}{\rho_l - \rho_v} \frac{T - T_{sat}}{T_{sat}} L_H \tag{3-37}$$

引入索特尔平均直径（Sauter mean diameter） D_{sm}：

$$a_i = \frac{6 \propto_v \propto_l}{D_{sm}} \tag{3-38}$$

$$\dot{m}_c = \frac{6 \propto_v \propto_l}{D_{sm}} a_c \sqrt{\frac{M}{2\pi R T_{sat}}} \frac{\rho_l \rho_v}{\rho_l - \rho_v} \frac{T - T_{sat}}{T_{sat}} \tag{3-39}$$

在数值计算中引入调节系数 $coeff$：

冷凝 $T_v < T_{sat}$，

$$\dot{m}_{vl} = coeff \cdot \alpha_v \rho_v \frac{(T_{sat} - T_v)}{T_{sat}} \tag{3-40}$$

蒸发 $T_l > T_{sat}$，

$$\dot{m}_{lv} = coeff \cdot \alpha_l \rho_l \frac{(T_l - T_{sat})}{T_{sat}} \tag{3-41}$$

可得式（3-42）：

$$coeff = \frac{6}{D_{sm}} a_c \sqrt{\frac{M}{2\pi R T_{sat}}} \left(\frac{\alpha_v \rho_v}{\rho_l - \rho_v} \right) \tag{3-42}$$

调节系数 $coeff$ 中索特尔平均直径 D_{sm} 较难确定，且蒸发/冷凝系数 σ_e / σ_c 代表了蒸发/冷凝的难易程度，其值在 0.001～1.0 之间，取值过大会导致数值计算过程中收敛较困难，取值过小则计算结果与实际偏差较大，不同工况下其值不同且目前难以准确定论，因此 a_c 的取值也较难确定。

通过实验验证确定间接蒸发冷却换热器中调节系数 $coeff$ 的取值，如式（3-17）所示，调节系数取值过小时，一次出口含湿量偏大，冷凝量小，一次侧出口温度小于实际值；调节系数取值较大时计算过程不易收敛。综合考虑调节系数对出口温湿度工况的影响，以及调节系数取值对数值计算收敛的影响，当调节系数小于 4000 且大于 0.1 时，调节系数根据式 $coeff = 24.47 \times e^{(x - 25.66)/1.40} - 741.73$ 取值；当调节系数小于 0.1 时，取为 0.1；当调节系数大于 4000 时，取为 4000。

3.4.3　材料属性

根据湿空气组分及多相流的设置方法，FLUENT 数值模拟涉及的材料有：（1）一次空气侧混合气体干空气和水蒸气（Air＋H_2O）；（2）冷凝水 Water-new-liquid；（3）换热板金属材料为铝箔板。各材料物性参数如表 3-3 所示。

					物性参数 表 3-3
介质	密度（kg/m³）	定压比热 C_p [J/(kg·K)]	导热系数 λ [W/(m·K)]	动力黏度 μ [kg/(m·s)]	参考温度（℃）
水	998.2	4182	0.6	0.001003	24.85
干空气	1.205	1013	2.593×10^{-2}	1.81×10^{-5}	20
水蒸气	0.5542	—	0.0261	1.34×10^{-5}	25

水蒸气比热：

$$C_p = 1563.077 + 1.603755T - 0.002932784T^2 + 3.216101 \times 10^{-6} T^3 - 1.156827 \times 10^{-9} T^4$$

由于水为非定温蒸发，通过湿空气参数查询软件得出标准大气压下不同含湿量下水的蒸发温度，如表 3-4 所示。

							水蒸发温度 表 3-4	
含湿量 d(g/kg)	7.63	10.647	14.694	20.079	27.198	36.568	48.87	65.021
蒸发温度 T_{vap}(℃)	10	15	20	25	30	35	40	45

可拟合得到标准大气压下水蒸发温度与湿空气含湿量的关系式：

$$T_{vap} = -11.81738 + 4.2143 \times d - 0.23704 \times d^2 + 0.00948 \times d^3 - 2.40539 \times 10^{-4} \times d^4 + 273.15K$$

冷却器的材料分为很多种，一般有薄钢板、铝箔板、塑料板等。因为本节所研究的冷却器有喷淋水，所以在选择冷却器材料时，必须考虑材料的耐腐蚀性，容易加工，可塑性好，以及换热效果好。因此，选择的冷却器采用铝箔板材料，材料属性如表 3-5 所示。

			换热器材料的属性 表 3-5
物质	密度（kg/m³）	定压比热容 C_p[J/(kg·K)]	导热系数 λ[W/(m·K)]	板厚度（mm）
铝箔板	2719	871	202.4	0.15

3.4.4 边界条件

间接蒸发冷却模型计算域的边界条件有入口边界条件（Velocity Inlet）、出口边界条件（Pressure Outlet）、绝热边界条件（Wall）、对称边界条件（Symmetry）。

1. 入口边界条件

入口边界包括一、二次空气的入口边界与水的入口边界。一、二次空气的入口为长方形表面，采用速度入口（Velocity Inlet）边界条件，一、二次空气的流动状态采用雷诺数判定。经过计算，雷诺数均小于 2300，所以选择层流模型。

$$d_e = \frac{4ab}{2(a+b)} \tag{3-43}$$

$$Re = \frac{ud_e}{\upsilon_f} \tag{3-44}$$

式中　d_e——当量直径，即 4 倍的截面积与湿周的比值，m；

　　　a、b——方形的高和宽，m；

u——流体速度，m/s；

υ_{f}——运动黏度，m²·s；

Re——雷诺数；

水的入口边界亦采用速度入口，水的初始流量为 3L/min，水的密度为 998.2kg/m³，根据相关文献，最佳平均液膜厚度在 0.5～0.55mm 之间，本节选用液膜厚度为 0.5mm，通过计算，喷淋水流速为 0.001m/s。

2. 出口边界条件

一、二次空气的出口边界与喷淋水的出口边界采用压力出口（Pressure Outlet）。压力出口边界还需要定义"回流"现象，因为回流的出现表明有外界流体流入计算域的边界，所以得用真实物理现象的数据作为回流条件。使用压力出口边界条件来代替质量流量出口条件会获得更好的收敛解。

3. 壁面边界条件

壁面边界分为绝热边界和换热板耦合边界，换热板的边界近似认为耦合热流（Couple Heat Flux）边界条件，在求解器中对耦合边界不用设置。但是一、二次隔板无任何流体通过、无任何热流通过，因此热流边界设置为绝热，在求解器中设置 Heat Flux 的值为零。一次空气与水和二次空气之间耦合换热的热流边界条件：设置换热板的材料为铝箔，壁厚值（Wall Thickness）为 0.15mm，导热系数为 202.4W/(m·K)。

4. 对称边界条件

对称（symmetry）边界条件可用来描述黏性流动中的滑移壁面，也可以描述物理外形所期望的流动，传热的结果具有镜像对称特征的情况。在对称边界上，不需要定义任何参数值，但必须定义对称边界的位置。在对称边界上所有的流动变量通量为 0，因此对称面上的法向速度为 0。对称面上也不存在扩散通量，即所有流动变量中对称面上的法向梯度也为 0。实际上，对称面的含义就是零通量，所以对称面的剪切力也为 0。本节研究的间接蒸发冷却器物理模型对称边界分别为一次空气通到中心处和二次空气通道中心处。

间接蒸发冷却器模型边界条件设置如表 3-6 所示，各边界条件的数学表达式如表 3-7 所示。

间接蒸发冷却器模型边界条件设置　　　　　　　　　　　　　表 3-6

换热器边界	边界条件
一次通道进口	速度入口
一次通道出口	压力出口
二次通道进口	速度入口
二次通道出口	压力出口
换热壁面	耦合边界
换热器其余结构表面	绝热边界

各边界条件的数学表达式　　　　　　　　　　　　　表 3-7

边界类型	边界条件
入口边界 $x=0\sim\delta/2$　$y=0$　$z=0\sim H$ $x=-\delta/2\sim0$　$y=0\sim L$　$z=0$	$u=w=0$　$\upsilon=\upsilon_{1,\mathrm{in}}$ $u=\upsilon=0$　$w=\upsilon_{2,\mathrm{in}}$

边界类型	边界条件
出口边界 $x=0\sim\delta/2$ $y=L$ $z=0\sim H$ $x=-\delta/2\sim0$ $y=0\sim L$ $z=H$	$p=0$ $p=0$
绝热边界 $x=0\sim\delta/2$ $y=0\sim L$ $z=0$ $x=0\sim\delta/2$ $y=0\sim L$ $z=H$ $x=-\delta/2\sim0$ $y=0$ $z=0\sim H$ $x=-\delta/2\sim0$ $y=L$ $z=0\sim H$	$u=v=w=0$ $\dfrac{\partial T}{\partial z}=0$ $u=v=w=0$ $\dfrac{\partial T}{\partial y}=0$
对称边界 $x=\delta/2$ $y=0\sim L$ $z=0\sim H$ $x=-\delta/2$ $y=0\sim L$ $z=0\sim H$	$u=0$ $\dfrac{\partial v}{\partial x}=\dfrac{\partial w}{\partial x}=\dfrac{\partial T}{\partial x}=\dfrac{\partial p}{\partial x}=\dfrac{\partial C_v}{\partial x}=0$ $u=0$ $\dfrac{\partial v}{\partial x}=\dfrac{\partial w}{\partial x}=\dfrac{\partial T}{\partial x}=\dfrac{\partial p}{\partial x}=\dfrac{\partial C_v}{\partial x}=0$
换热壁面 $x=0$ $y=0\sim L$ $z=0\sim H$	$u=v=w=0$ $-\lambda\dfrac{\partial T}{\partial x}\Big|_1=-\lambda\dfrac{\partial T}{\partial x}\Big|_2+\dot{m}\cdot h_{fg}$ $C_v\big|_{x=0^-}=f(T_w)$

在高温高湿工况下，一次侧空气中水蒸气会出现冷凝现象，通过选用相变系数模型实现，由于水在常温下的相变温度非定值，因此可以通过 Fluent 中编制 UDF 接口程序来确定当前计算网格内水的相变温度。二次侧换热板面上的喷淋水膜处理为：（1）水至水蒸气的相变过程；（2）水蒸气向主流气流的扩散过程。通过设置二次侧换热板面的水蒸气质量分数实现水蒸气的扩散过程，换热板面水蒸气质量分数由实验数据获得；通过计算二次通道进出口含湿量差计算得到水的相变潜热，通过 Fluent 中编制 UDF 接口程序将潜热值作为内热源加载至换热壁面。

间接蒸发冷却器换热板面边界不属于三种热边界条件的任何一种，它的温度分布需要在计算中获得，是一耦合的边界条件。换热板一次通道侧，水蒸气扩散通量为 0，相当于绝热壁面；换热板二次通道侧，由于喷淋液膜的存在，会存在一层饱和水蒸气层，换热板面上水蒸气质量分数为当前循环水温对应的饱和状态下的参数。

3.4.5 网格划分及求解

数值模拟采用 Gambit 前处理模块进行冷却器建模，由于实验系统中冷却器的规格为 400mm×400mm×250mm 的规则模型，所以采用结构化的均匀网格进行划分。本节模拟的板式叉流间接蒸发冷却器为微通道结构，冷却器通道间距分别有 2mm、3mm、4mm、5mm、6mm、7mm 和 8mm，冷却器的高度和长度保持不变，为 400mm×400mm。为了清楚地反映冷却器内部的流场、温度场、冷凝水体积分数场和浓度场等分布情况，对冷却器网格采用不同的比例去划分，对通道间距为 5mm 的冷却器采用 40 个网格，高度和长度都采用 100 个网格划分，则冷却器体网格为 40 万个。其他间距也按照同样的比例方法去划分，得出从间距 2mm 至 8mm 对应冷却器体网格数分别为 16 万个、24 万个、32 万个、40 万个、48 万个、56 万个和 64 万个。

将建立好的物理模型导入 Fluent（求解器）中，在求解时采用 SIMPLE 算法的分离式求解器求解压力-速度耦合问题，由于压力项没有单独的控制方程，压力隐藏在动量方程中，要实现压力和速度求解，必须解耦。选择 SIMPLE 算法是最符合解耦的算法。由于本节研究的为多相流，所以采用混合多相流加组分输运模型是合理的，在换热过程中必须激活能量方程。为了提高精度和防止数值扩散，对流项采用二阶迎风格式进行求解。最后，为了增强收敛的稳定性，应当减小松弛因子。通过残差监视器观测，当一、二次空气出口温度处于设置残差数值以下并处于稳定状态时，数值求解达到收敛。

3.5　模型验证及误差分析

要确定待求解的问题是否得到了正确的解决并应用，还需要对 CFD 模型进行验证，并分析其误差。在 CFD 中误差分为物理模型与数学模型之间的建模误差以及数值解与数学模型之间的数值误差[8]。

3.5.1　建模误差

将实际工程问题转化为物理数学模型时，会对实际问题进行一些简化和假设，由此产生的误差称为建模误差。为了便于计算，节约计算成本，需要在保证计算准确性的前提下尽可能简化模型。本节针对叉流板式间接蒸发冷却模型进行了简化和假设。模型中假定了换热器与外界没有热量交换，换热器是绝热的，二次侧喷淋水膜的润湿率为 1，并且采用表面相变模型，不考虑喷淋液膜的厚度及流动。而在实际情况中，换热器与外界存在着热交换，喷淋水在换热器二次通道壁面分布不是一个稳态过程，根据选用的材料性质，换热板表面水的润湿率也不同，且在二次通道内极有可能存在雾化的小水滴，因此存在部分建模误差。

3.5.2　离散误差

物理数学模型中控制方程离散化的过程中会产生离散误差，这是离散格式的截断误差、边界条件的数值处理方法、网格的疏密与分布、正交性等引起的。它的出现是由于在 CFD 数值模拟中求解的不是方程的精确解，而是数值逼近。在叉流板式间接蒸发冷却模型中网格划分使用了六面体结构化网格，采用了一阶迎风的离散格式，在离散过程中只保留了泰勒级数的第一项。

在 CFD 计算中用了一系列离散的点来代替连续的几何空间，离散化的物理变量存储在网格节点上，网格划分的质量和数量决定着数值求解的精度、收敛速度等。数值解的精度一般由划分的网格数目决定，但当网格数目达到一定数量后基本不会再影响求解的结果。为了保证叉流板式 IEC 模型数值计算的准确性与可靠性，进行了网格无关性验证，保证计算的数值解结果独立于网格系统的划分。在模型网格的划分上，以 400mm×400mm 的换热器为例，分别划分了 56 万个、120 万个和 216 万个网格，计算结果如表 3-8 所示。

网格无关性验证　　　　　　　　　　　　　　　　　　　表 3-8

网格数	一次出口温度（℃）	一次出口含湿量（g/kg）	二次出口温度（℃）	二次出口含湿量（g/kg）
560000	24.91	19.47	24.68	16.76
1200000	25.03	19.53	24.72	16.69
2160000	25.02	19.55	24.80	16.73

当取第二组网格时，各出口物理量的绝对误差均小于 0.1，为保证数值计算结果的准确性，并考虑到计算的时间，取第二组网格作为后续计算的网格。

3.5.3　计算误差

求解离散方程时根据边界条件解得的数值计算结果过程中产生计算误差，包括舍入误差以及迭代计算不完全产生的误差。

在数值计算中，收敛时残差的设置标准如表 3-9 所示。

残差收敛标准设置　　　　　　　　　　　　　　　　表 3-9

连续性方程	动量方程（x 方向）	动量方程（y 方向）	动量方程（z 方向）	能量方程	多相流方程（湿空气）	多相流方程（液态水）
10^{-3}	10^{-5}	10^{-5}	10^{-5}	10^{-5}	10^{-5}	10^{-3}

且此时一、二次通道进出口质量流量守恒，不平衡误差少于 0.1％。

3.5.4　结果验证

以 IEC 换热器的干工况及不同冷凝量下的湿工况分析了数值模拟结果与实验值之间的误差。

以一次进口相对湿度 60％ 为例，二次进口工况参数固定为进口温度 25℃，相对湿度 50％，一、二次侧进口风量分别为 500m³/h、400m³/h，取不同一次侧进口温度不冷凝时 $T_{1,\text{in}}=28℃$，出现冷凝时 $T_{1,\text{in}}=31\sim35℃$。一次出口工况实验与模拟结果如图 3-13 所示。

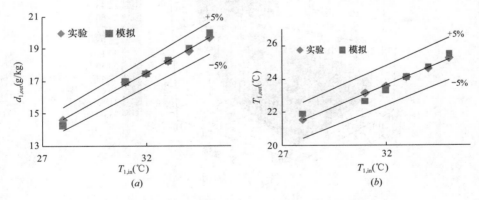

图 3-13　IEC 换热器一次出口工况实验值与模拟值
(*a*) 出口含湿量；(*b*) 出口温度

在一次通道内不冷凝及出现冷凝的工况下，一次出口含湿量及出口温度模拟结果与实验值的误差均在±5％以内。

3.6　间接蒸发冷却传热传质过程的模拟结果

以高温高湿的广州地区为例，采用间接蒸发冷却换热器作为新风系统预冷。额定工况设为广州地区夏季室外空调计算工况，计算干球温度为 34.2℃，相对湿度为 61.71％。间接蒸发冷却换热器一次风进口工况设定为额定工况，一次风量为 500m³/h[7]。二次风进口温度取为 25℃，相对湿度为 50%，为维持空调房间内正压，新、排风比为 1∶0.8，二次风量为 400m³/h。换热器尺寸为 400mm×400mm×250mm。

3.6.1　换热器内部温度分布

在额定工况下，换热器内部温度分布的模拟结果如图 3-14 所示。

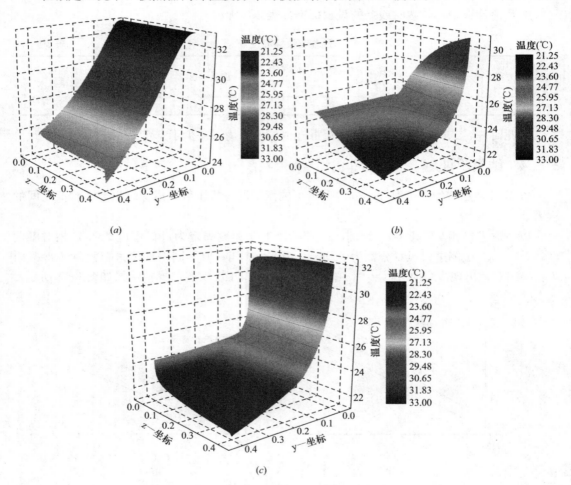

图 3-14　换热器内部温度分布
（a）一次通道中心对称面；（b）二次通道中心对称面；（c）换热壁面温度分布

图 3-14（a）为叉流间接蒸发冷却换热器一次通道内中心对称面上的温度分布，代表了一次空气主流的温度分布情况，一次空气主流温度沿流动方向逐渐降低。一次空气流经换热器，经换热隔板与二次空气及喷淋液膜换热，空气温度沿流动方向逐渐降低。

图 3-14（b）为换热器二次通道中心对称面温度分布，代表二次空气主流的温度分布。二次空气流经换热器二次通道时，靠近一次空气进口部分的空气温度沿流动方向逐渐升高；而靠近一次空气出口的部分空气温度逐渐降低。靠近一次空气进口部分的温度较高，热量经换热壁面传递给二次侧的水膜及二次空气，随着二次空气的流动，温度逐渐升高。

而在二次通道靠近一次风出口的部分，一次空气已经被冷却，温度较低，传递给二次侧的热量较少，而二次空气流经喷淋液膜表面，液膜蒸发吸收了大量潜热，使二次空气温度降低。在二次空气出口处，靠近一次风进口部分的温度高于入口温度，而靠近一次出口的部分二次空气温度低。综合考虑整个换热通道内的换热过程，二次风流经换热器后为一温降的过程。

图 3-15（c）为换热器换热壁面上的温度分布。在换热壁面上，一次风进口与二次风出口位置温度最高，而一次风出口与二次风出口位置温度最低。在一次风进口与二次风出口位置，一次空气温度为进口温度，温度最高，二次空气与高温的一次空气换热后温度升高，此处冷热流体的温度都相对较高，换热壁面温度高。在一、二次风出口位置，一次空气流经整个换热器，已被降温冷却，二次空气与喷淋液膜进行了热质交换，水膜的蒸发吸收了二次空气的显热，一、二次空气在此处温度均较低，换热壁面温度低。

3.6.2　换热器内部水蒸气浓度分布

换热器内部两通道中心对称面上湿空气含湿量反映了换热器内部主流水蒸气浓度分布规律。

图 3-15（a）所示为额定工况下，一次通道中心面上（一次空气主流部分）空气含湿量沿流动方向的变化情况。从图中可以看出，在靠近入口处空气含湿量不变，此处一次空气温度较高，空气温度高于露点温度，水蒸气不冷凝。随着一次空气流动，空气与壁面发生热交换，一次空气温度下降，水蒸气开始冷凝，空气中含湿量随之下降。在一次通道内部，如图 3-16（a）所示，在靠近换热壁面的部分（$x=0.5$mm）湿空气最早开始冷凝，并且沿着流动方向冷凝量不断增大，而在远离换热壁面的部分（$x=2.5$mm），空气中含湿量的减小量较小。

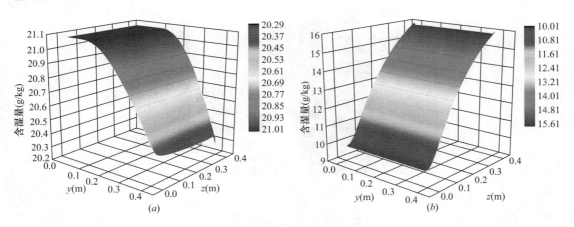

图 3-15　通道中心对称面含湿量分布
（a）一次通道；（b）二次通道

在图 3-15（b）中，二次空气与壁面的喷淋水膜发生热质交换，空气中的含湿量沿空气流动方向升高。如图 3-16（b）所示，在二次通道中靠近喷淋水膜的位置（$x=-0.5$mm），空气中含湿量较大，且在靠近喷淋水膜的位置，入口处空气含湿量增长率较大，在板长 0.05m 处空气含湿量已达到出口平均含湿量的 92.61%。而在二次通道中心位置（$x=-2.5$mm），在板长为 0.05m 处，空气含湿量仅达到出口平均含湿量的 62.96%。由此可以看出，在垂直于流动方向的通道间距方向，水蒸气的扩散率较小，在靠近喷淋液膜的部分水蒸气浓度高，液膜的蒸发量减小，而在远离壁面的部分含湿量小。

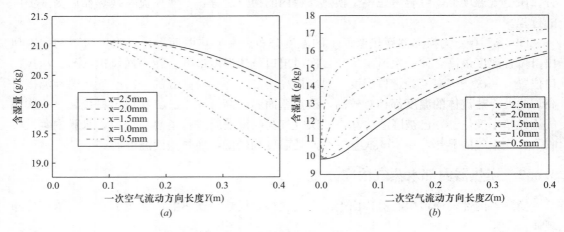

图 3-16　换热器内含湿量分布
（a）一次通道；（b）二次通道

3.6.3　一次通道壁面冷凝水分布

如图 3-17 所示，沿一次空气流动方向，壁面冷凝水量逐渐增大，且在一、二次风出口处换热壁面温度最低，一次侧内湿空气冷凝量最多。

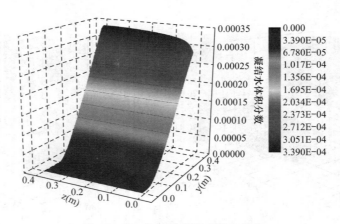

图 3-17　一次通道壁面冷凝水分布

3.6.4　换热器内部压力分布

图 3-18 为换热器一、二次通道中心对称面压力分布，分别代表了一、二次空气在换热器内的压力变化过程。换热器内部压力分布在一、二次空气入口位置压力最大，沿着流动方向逐渐降低，在一、二次进口风量分别为 500m³/h、400m³/h 时，一、二次通道内压

力降分别为 12.44Pa、10.03Pa。

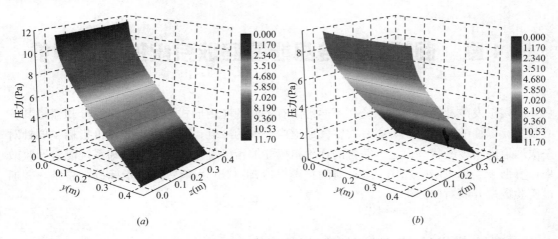

图 3-18　换热器内部压力分布
（a）一次通道；（b）二次通道

本章参考文献

[1]　张应迁，唐克伦. 基于 ANSYS 的 FLUENT 前处理. 机械工程师，2012，6：51-52.

[2]　温正，石良臣，任毅如. FLUENT 流体计算应用教程. 北京：清华大学出版社，2009.

[3]　唐家鹏. ANSYS FLUENT 16.0 超级学习手册. 北京：人民邮电出版社，2016.

[4]　丁欣硕，焦楠. FLUENT 14.5 流体仿真计算从入门到精通. 北京：清华大学出版社，2014.

[5]　刘泉. 纯蒸气及含不凝气蒸气冷凝的数值研究. 合肥：中国科学技术大学，2015.

[6]　杨世铭，陶文铨. 传热学. 北京：高等教育出版社，2006.

[7]　陆耀庆. 实用供热空调设计手册（第二版）. 北京：中国建筑工业出版社，2008.

[8]　刘重阳，于芳，徐让书. CFD 计算网格误差分析的一个算例. 沈阳航空工业学院学报，2006，4：21-24.

第4章 间接蒸发冷却能量回收系统的能效评价

间接蒸发冷却能量回收系统在不同地区有不同的应用形式，但间接蒸发冷却器是其核心装置。以往的研究很少考虑一次空气通道内空气的冷凝，因此相应的评价指标主要针对一次通道内不冷凝状态设定。完善的评价指标能够精确量化间接蒸发冷却系统能量回收效果，有助于实际应用的选择。本章对间接蒸发冷却（IEC）能效评价指标进行总结，并通过实验数据开展对比分析。

4.1 间接蒸发冷却系统能效的评价指标

在已有的研究中对 IEC 评价使用的主要指标包括：湿球效率、露点效率、冷却能力、能耗、性能系数（COP）和蒸发水量。

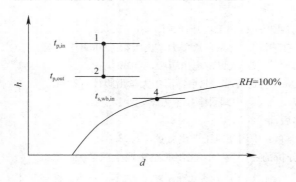

图 4-1 等湿 IEC 过程焓湿图

对于一次侧不发生冷凝情况的 IEC 空气处理过程，在焓湿图上的变化如图 4-1 所示，其中点 1、点 2 分别为一次空气进、出口的干球温度，点 4 为二次空气入口的湿球温度，其湿球效率表达式如式（4-1）所示。

$$\eta_{wb} = \frac{t_{p,in} - t_{p,out}}{t_{p,in} - t_{s,wb,in}} \tag{4-1}$$

露点效率定义为一次空气进、出口干球温度差与一次空气进口干球温度同二次空气进口露点温度差的比值，其反映了一次空气出口干球温度接近二次空气入口露点温度的程度，适用于露点间接蒸发冷却系统的评价，如式（4-2）所示。

$$\eta_{dp} = \frac{t_{p,in} - t_{p,out}}{t_{p,in} - t_{s,dp,in}} \tag{4-2}$$

冷却能力定义为一次空气经过间接蒸发冷却器一次通道总热换热量（焓）的变化，即为显热换热量和潜热换热量之和。

$$Q_{sen} = M_p c_{p,a}(t_{p,in} - t_{p,out}) \tag{4-3}$$

$$Q_{lat} = M_p r(\omega_{p,in} - \omega_{p,out}) \tag{4-4}$$

$$Q_{tot} = M_p(h_{p,in} - h_{p,out}) = Q_{sen} + Q_{lat} \tag{4-5}$$

在 IEC 系统中，由于喷水和一、二次侧空气的流动，产生能耗的设备为风机和水泵，其功率如式（4-6）所示。系统能效系数（COP）即为一次侧空气总得热量与功率的比值，如式（4-7）所示。

$$P = P_{fan} + P_{pump} \tag{4-6}$$

$$COP = \frac{Q_{tot}}{P} \tag{4-7}$$

蒸发水量则为二次空气流经湿通道后增加的含湿量。m_{eva}理论上为二次空气从湿通道中带走的水蒸气量，而实际上为保证二次空气通道壁面尽可能完全被水膜覆盖，同时考虑到二次空气流动会裹挟微小的水滴进入排风通道，所以给定的喷淋水量在保证效率的前提下有特定的经验公式和推荐范围。

$$m_{eva} = M_s(\omega_{s,in} - \omega_{s,out}) \tag{4-8}$$

Chen 等人[1]指出湿球效率仅能描述 IEC 处理显热的能力，然而在冷凝状态下，需要其他指标评价 IEC 潜热处理能力，因此提出了采用冷凝比、放大系数和单位质量的总热传递量作为评价指标。Chen 等人[2]采用显热效率和潜热效率分别来评价换热器的显热和潜热处理能力。

冷凝比定义为冷凝区域面积和总传热面积的比。

$$R_{con} = \frac{A_{con}}{A} \tag{4-9}$$

放大系数定义为由于冷凝导致放热量变大的倍数。

$$\beta = \frac{Q_{tot}}{Q_{sen}} \tag{4-10}$$

单位质量的总热传递量定义为由一次空气中除去单位质量的总热量或者它的焓降。

$$q_{tot} = \frac{Q_{tot}}{M_p} \tag{4-11}$$

显热效率定义为一次空气进出口温差与一、二次空气进口温差的比值。

$$\eta_{sen} = \frac{t_{p,in} - t_{p,out}}{t_{p,in} - t_{s,in}} \tag{4-12}$$

潜热效率定义为一次空气进出口的含湿量差与一次空气进口含湿量同二次空气进口含湿量差的比值。

$$\eta_{lat} = \frac{\omega_{p,in} - \omega_{p,out}}{\omega_{p,in} - \omega_{s,in}} \tag{4-13}$$

针对全热换热器的评价指标主要包括显热、潜热和全热回收效率。Nie 等人[3]对 IEC 进行数据分析时使用了温度回收效率、湿度回收效率和焓回收效率以及显热回收量与潜热回收量的比值。温度、湿度回收效率即显热、潜热效率，焓回收效率即全热效率。

全热效率为一次空气进出口的焓差与一、二次空气进口焓差的比值。

$$\eta_{tot} = \frac{h_{p,in} - h_{p,out}}{h_{p,in} - h_{s,in}} \tag{4-14}$$

湿空气焓值的计算如式（7-15）所示：

$$h = c_{p,g}t + (2500 + c_{p,q}t)\omega \tag{4-15}$$

由于式中$c_{p,q}$的数值远小于 2500，将该项省略所造成的误差小于 5%，因此式（4-15）可以简化为：

$$h = c_{p,g}t + 2500\omega \tag{4-16}$$

全热回收器的全热效率与显热效率和潜热效率的关系如式（4-17）所示：

$$\eta_{tot} = \frac{A\eta_{sen} + B\eta_{lat}}{A + B} \tag{4-17}$$

式中，系数 A，B 分别为 $A = \dfrac{c_{p,g}}{\omega_{p,in} - \omega_{s,in}}$，$B = \dfrac{2500}{t_{p,in} - t_{s,in}}$，由式（4-17）可知全热效率为显热效率和潜热效率的加权平均值，并且 A，B 只与全热换热器的进出口参数有关。

此外，二次空气入口的焓值可以采用式（4-18）进行计算：

$$h_{s,in} = c_{p,g}t_{s,in} + 2500\omega_{s,in} = c_{p,g}t_{s,wb,in} + 2500\omega_{s,sat,in} \tag{4-18}$$

则式（4-17）又可变形为：

$$\eta_{tot} = \frac{C\eta_{wb} + D\eta_{sat}}{C + D} \tag{4-19}$$

式中，系数 C、D 分别为 $C = \dfrac{c_{p,g}}{\omega_{p,in} - \omega_{s,sat,in}}$，$D = \dfrac{2500}{t_{p,in} - t_{s,wb,in}}$，$\eta_{sat}$ 为在二次空气湿球温下的潜热效率 $\eta_{sat} = \dfrac{\omega_{p,in} - \omega_{p,out}}{\omega_{p,in} - \omega_{s,sat,in}}$。$C$、$D$ 也只与换热器的进出口参数有关，由式（4-19）可以看出，全热效率为湿球效率 η_{wb} 和潜热效率 η_{sat} 的加权平均值。在 IEC 不出现冷凝的情况下，即一次空气进出口焓湿量差为零，式（4-18）和式（4-19）中的 η_{lat} 和 η_{sat} 为零；而当出现冷凝时，式（4-17）和式（4-19）中的 η_{lat} 和 η_{sat} 则考虑到了潜热项。

4.2　间接蒸发冷却系统能效评价指标分析

间接蒸发冷却过程实际上与空调系统中表冷器处理空气时发生的热质交换过程类似，存在干、湿两种工况。间接蒸发冷却器在干工况时可以视为显热回收器，而在湿工况时相当于全热回收器，不同的是 IEC 的潜热部分是由一次空气中析出水分，而全热回收器的潜热部分是由于一次空气水蒸气分压力大于二次空气而引起的一次空气中的水分向二次空气中扩散。

对于显热和全热回收器，在干工况下运行时可以用显热效率评价其热回收能力，全热回收器出现湿工况时用潜热效率能够评价其潜热回收能力。对间接蒸发冷却器，湿球效率表达式为两个温差的比值，所以其只能评价 IEC 中由温差引起的显热交换量，不能表示 IEC 对潜热交换的处理能力。冷凝比用于理论分析，可以判断一次空气换热壁面出现冷凝面积的大小。在空调季新风湿度较大的地区，一次空气侧会随湿度的增加而在换热壁面上出现冷凝，并且随着湿度增加到一定程度，换热壁面会出现完全冷凝，也就是冷凝比为 1。潜热效率也可以评价 IEC 的潜热回收能力，也反映由一次空气中析出水的多少。Chen 等提出的放大系数即为表冷器中的换热扩大系数[4]，也称为析湿系数，其数值的大小直接反映了表冷器上凝结水析出的多少，在干工况时为 1。全热效率由于可以看作显热效率和潜热效率的加权平均值，所以其不管是否出现冷凝都适用。

利用湿球效率、潜热效率、总热效率、放大系数、单位质量的总换热量和性能系数（COP）这 6 个指标，实验控制一、二次空气的体积流量分别为 $550\text{m}^3/\text{h}$ 和 $450\text{m}^3/\text{h}$，二次空气进口温度为 25℃、相对湿度为 50%，对一次空气进口温度 32℃下不同相对湿度（30%～90%，间隔 10%）和一次空气进口相对湿度 60% 下不同温度（28～35℃，间隔 1℃）时的实验数据进行对比分析，可以量化不同参数对系统性能的影响。

4.2.1 间接蒸发冷却能量回收实验测试系统

为了进行不同进口参数下蒸发冷却系统性能指标的对比实验，搭建了间接蒸发冷却能量回收实验测试系统，实验台的现场照片和原理示意图分别如图 4-2 和图 4-3 所示。实验台的核心部件是叉流板式换热器，其由间隔堆叠的一次空气通道和二次空气通道构成，并通过薄铝箔板组成分隔的通道。通道由塑料波纹板支撑，薄铝箔板采用了亲水涂层以改善

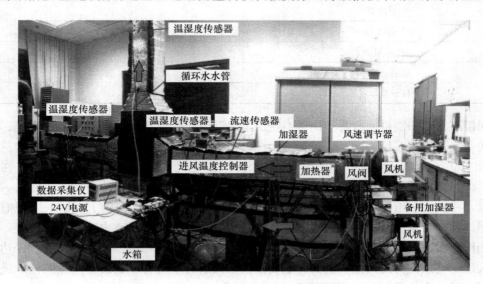

图 4-2　间接蒸发冷却能量回收实验测试系统

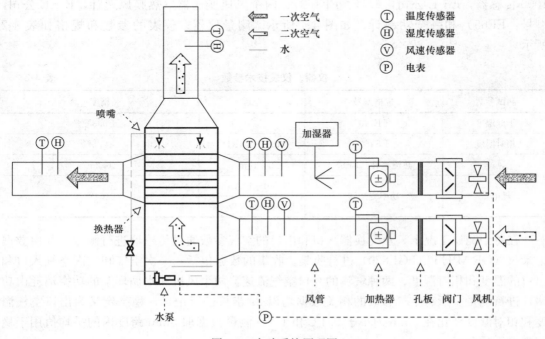

图 4-3　实验系统原理图

其润湿性。表 4-1 列出了叉流板式换热器模块的几何参数。该热交换器可利用来自空调房间的回风作为二次空气来预冷将要进入 A/C 系统中的室外新风，以进行能量回收。

叉流板式换热器规格参数　　　　　　　　　　　　　　表 4-1

参数	规格
长度 L	0.4m
宽度 W	0.2m
高度 H	0.4m
通道间隙 s	4mm
通道对数量 n	25
换热板厚度 δ	0.15mm

间接蒸发冷却能量回收实验测试系统由上述叉流板式换热器、循环水分配系统、一次与二次空气预处理系统组成。布水系统为垂直悬挂在热交换器的两个喷嘴，通过三通与 PVC 水管进行连接，水泵开启后由喷淋水润湿二次空气通道的壁面，潜水泵固定在水箱底部，将循环水输送至顶端的布水系统。一次与二次空气预处理系统由四段风管（一次空气入口，一次空气出口，二次空气入口和二次空气出口）、风机、阀门、孔板、电加热器、加湿器、控制装置和数据采集系统组成。实验台安装在空调房间室内，室温可调控，室内空气用作一次空气和二次空气，通过安装在管道内的加热器和加湿器进行预处理，达到所需的入口空气条件再送入热交换器。热交换器以及所有空气管道表面都用橡胶泡沫进行保温处理，以防止热量损失到周围环境中。

间接蒸发冷却能量回收实验测试系统的测量与控制装置包括 4 个温湿度变送器（Pt 1000 传感器，E+E 公司，型号：EE160）、两个风速变送器（热膜风速计，E+E 公司，型号：EE65）和一个功率计，如图 4-4 所示。测量仪器、仪表的参数和规格如表 4-2 所示。

仪器、仪表技术参数　　　　　　　　　　　　　　表 4-2

测试参数	规格型号	范围	精度
干球温度	EE160	−15～60℃	±0.3℃
相对湿度	EE160	10～95%RH	±2.5%
风速	热流速计：EE65	0～10m/s	±0.2m/s
耗电量	功率变送器	0～10A	0.01W
		0～2200W	

在每个测试工况下，热交换器入口和出口的空气参数通过传感器进行测量，并由数据记录仪（GRAPHTEC GL820）进行收集。收集的数据包括：一次空气和二次空气入口和出口的温度和相对湿度、两种气流的入口空气流速。两个风机和水循环泵的功率消耗由功率计进行测量。所有空气参数的相关数据均以 2s 步长进行记录，稳态定义为出口空气温度和相对湿度变化在 5min 内小于 0.1℃ 和 1%，测量数据取 5min 跨度内的平均值用于稳态工况下的分析。

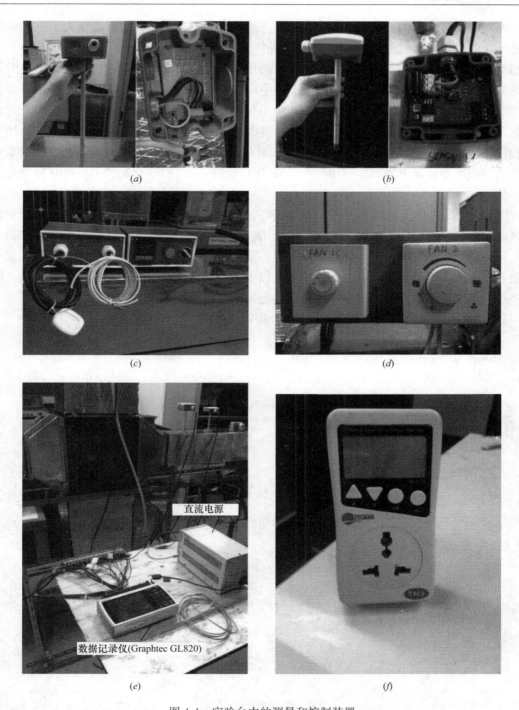

图 4-4 实验台中的测量和控制装置

（*a*）温湿度传感器；（*b*）风速传感器；（*c*）PID 温度控制器；（*d*）风速调节器；（*e*）数据记录仪；（*f*）电表

4.2.2 一次空气温度对换热效率的影响

由图 4-5（*a*）可知，在一次空气入口相对湿度低于 50％时，湿球效率在小范围内波动，而随着相对湿度的升高，湿球效率明显下降；图 4-5（b）中在相对湿度大于 50％时潜热效率显著增加，并且随着相对湿度的逐渐升高其增加速度也逐渐变大；图 4-5（c）中在相对湿度 50％之前，总热效率随着湿度的增加显著下降，而在相对湿度 50％之后的总热效率出现了小幅度升高；图 4-5（d）中，放大系数在相对湿度 50％之前为固定值 1，之后放大系数迅速增加；图 4-5（e）中单位质量的总热换热量在相对湿度 50％之前变化不大，且只有显热换热量，而在相对湿度 50％之后，总热换热量中包含显热换热量和潜热换热量两部分，由于冷凝的出现，显热换热量有一定的下降，但总换热量随着潜热换热量的增加而显著增加；图 4-5（f）中 IEC 系统 COP 的变化趋势与总得热量变化完全一致。

图 4-5 中，各项指标均在相对湿度为 50％附近发生明显变化，其原因在于相对湿度 50％之后一次空气中出现了冷凝。一方面，随着冷凝量的增加势必会带来潜热效率的增强；另一方面，随着冷凝的出现和逐渐增强，使得显热换热量逐渐降低，但是总得热量一直随着潜热换热的增强呈现显著上升趋势。以上实验分析表明，对于间接蒸发冷却器，潜热换热效果比显热换热效果更强，在相对湿度达到 90％的工况下，单位质量潜热得热量为 19.44kW/kg，是单位质量显热得热量（7.06kW/kg）的 2.75 倍。

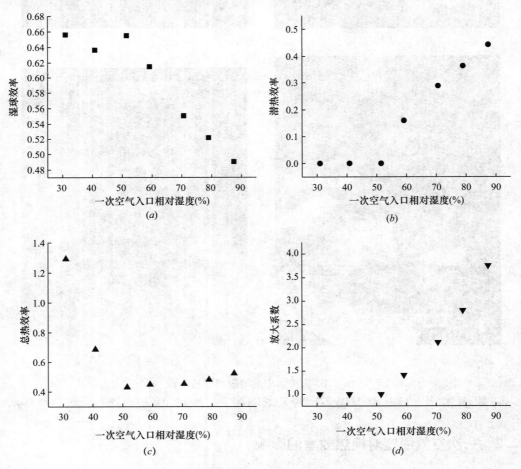

图 4-5　等温变湿度工况 6 项指标变化曲线图（一）

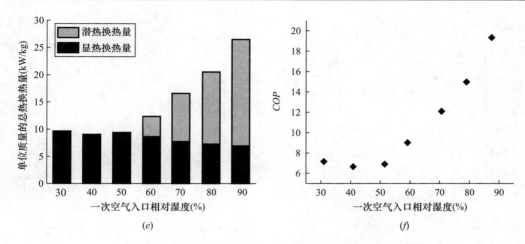

图 4-5　等温变湿度工况 6 项指标变化曲线图（二）

综上，与总得热量变化趋势一致的指标只有 COP；而湿球效率只在不发生冷凝的情况下变化趋势一致，当相对湿度大于 50% 时，即随着潜热换热的出现和总得热量的增加而降低，变化趋势相反；潜热效率和放大系数只能表示潜热得热的变化，无法表达显热换热，在相对湿度为 50% 之前，总换热量变化时，这两个指标只是表达为固定值 0 和 1，无法表达总换热量的变化趋势。

4.2.3　一次空气湿度对换热效率的影响

图 4-6 为一次空气相对湿度恒定为 60%，干球温度在 28～35℃ 之间变化测试得到的 6 个指标的响应。变化趋势的转折发生于 31℃ 附近，当一次空气进口温度低于 31℃，湿球效率在 0.6 附近波动，潜热效率不发生变化，总热效率下降，放大系数为 1，单位质量的总换热量增加缓慢，COP 变化也不大；而在 31℃ 之后湿球效率随着温度的升高而下降，潜热效率却迅速上升，总热效率基本维持不变，放大系数明显变大，单位质量的总换热量由于潜热换热的出现而显著增加，COP 也迅速提高。可见，在温度 31℃ 附近一次空气发生冷凝，出现了潜热换热，在低于 31℃ 时，只有显热换热。以上测试结果与等温度变湿度

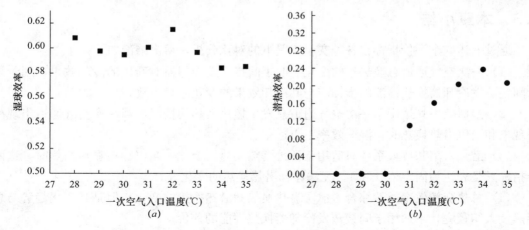

图 4-6　等湿度变温度工况 6 项评价指标变化曲线图（一）

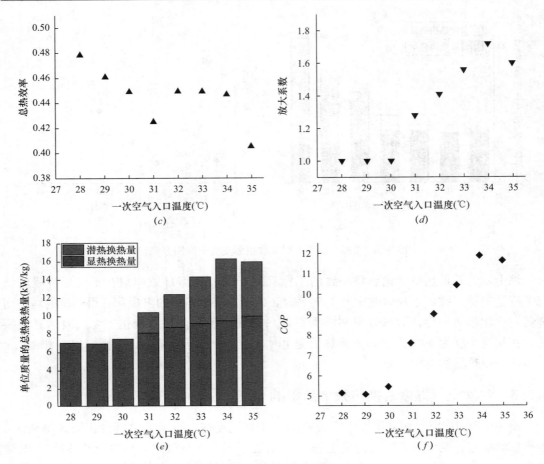

图 4-6　等湿度变温度工况 6 项评价指标变化曲线图（二）

工况一致，即只有 COP 与总热换热量的变化趋势一致，其他指标均不能完整表达 IEC 过程的换热效率。

4.3　本章小结

通过上述 6 个评价指标在各种实验工况下的对比分析，得出结论如下：

（1）一次空气通道总换热量的变化表明了间接蒸发冷却器对新风的冷却效果，用于评价间接蒸发冷却器换热性能的指标应与其冷却效果的变化趋势一致。

（2）湿球效率只适用于一次空气通道只发生显热换热的情况，当一次空气通道出现冷凝现象和新风潜热换热时，湿球效率不再适用。

（3）潜热效率和放大系数只适用于评价潜热换热的变化，当仅存在显热换热时，这两个指标只是表达为固定值 0 和 1，无法诠释潜热换热的变化。

（4）总热交换效率虽然综合考虑了显热换热和潜热换热的变化，但是其变化趋势与总换热量大相径庭，不适用于间接蒸发冷却器换热性能的评价。

（5）上述 6 个指标中与总换热量变化趋势一致的只有 COP，可用于评价间接蒸发冷却器的性能。

　　过往的研究针对间接蒸发冷却的各种评价分析大多采用湿球效率这一指标，由本章的对比实验分析可见，间接蒸发冷却换热性能无法用单一指标进行全面评价。每个性能评价指标可以从不同角度直观地表明 IEC 的性能，而同时应用多个性能指标可以较为全面地诠释 IEC 的换热性能。相比于其他指标，在不同工况下的 COP 能够更直接反映 IEC 的能量回收效益。

本章参考文献

［1］　Chen Y，Yang H，Luo Y. Indirect evaporative cooler considering condensation from primary air：Model development and parameter analysis ［J］. Building & Environment，2016，95：330-345.

［2］　Chen Y，Yang H，Luo Y. Experimental study of plate type air cooler performances under four operating modes ［J］. Building & Environment，2016，104：296-310.

［3］　Nie J，Yuan S，Fang L，et al. Experimental study on an innovative enthalpy recovery technology based on indirect flash evaporative cooling ［J］. Applied Thermal Engineering，2018，129：22-30.

［4］　连之伟. 热质交换原理与设备（第 2 版）［M］. 北京：中国建筑工业出版社，2006.

第5章 间接蒸发冷却性能的影响因素及其优化

本章首先讨论了间接蒸发冷却器性能的影响因素，包括新风温湿度、回风温湿度、新风和回风风速、板间距、板面润湿率、板长和空气流动方向。根据空气进口参数的不同，间接蒸发冷却器可能出现 3 种运行状态：非冷凝、部分冷凝和完全冷凝[1]。第 5.1 节详细讨论了各个因素在 3 种运行状态下对间接蒸发冷却器的冷凝率、湿球效率、扩大系数和总换热量的影响[2]。为了得到最显著的影响因素，第 5.2 节用正交试验法进行了参数敏感度分析[3]。基于第 5.2 节得到的结论，第 5.3 节对最显著的影响因素进行了优化，包括板间距的优化、传热单元数的优化和板面高长比的优化[4]，为用于热回收系统的间接蒸发冷却器的设计提供了参考。

5.1 间接蒸发冷却性能的影响因素

本节研究了间接蒸发冷却器的 10 个影响因素，包括新风温度 t_p、新风相对湿度 RH_p、新风风速 u_p、回风温度 t_s、回风相对湿度 RH_s、回风风速 u_s、板间距 s、壁面润湿率 σ、冷却器的高度 H 和空气流动方向（逆流和叉流）。在间接蒸发冷却热回收系统中，回风是来自室内空调房间的排气，因此回风的温度和湿度通常在相对较小的范围内变化[5]。为了比较不同新风湿度下的间接蒸发冷却器性能，每个参数模拟方案选择了三个新风湿度水平（相对湿度为 30%，50% 和 70%）。参数研究的详细安排列于表 5-1 中。每个研究参数的值在一定范围内变化（以粗体标记），其他参数保持不变。第 5.1.1～5.1.7 节以逆流间接蒸发冷却器为例，定量地讨论了各个因素的影响。

各个参数的取值 表 5-1

研究参数	参数取值								
	t_p(℃)	RH_p(%)	u_p(m/s)	t_s(℃)	RH_s(%)	u_s(m/s)	s(mm)	σ—	H(m)
t_p	**24～40**	30, 50, 70	2.0	24	60	2.0	5	1	0.5
RH_p	35	**30～90**	2.0	24	60	2.0	5	1	0.5
u_p	35	30, 50, 70	**0.5～5**	24	60	2.0	5	1	0.5
t_s	35	30, 50, 70	2.0	**20～28**	60	2.0	5	1	0.5
RH_s	35	30, 50, 70	2.0	24	**40～70**	2.0	5	1	0.5
u_s	35	30, 50, 70	2.0	24	60	**0.5～5**	5	1	0.5
s	35	30, 50, 70	2.0	24	60	2.0	**2～10**	1	0.5
σ	35	30, 50, 70	2.0	24	60	2.0	5	**0～1**	0.5
H	35	30, 50, 70	2.0	24	60	2.0	5	1	**0.1～2**

5.1.1 新风侧温湿度的影响

图 5-1 显示了新风温度对间接蒸发冷却器性能的影响。当新风相对湿度 RH_p 恒定而

温度增加时，空气含湿量相应增加。如图 5-1（a）所示，当新风相对湿度保持恒定的 $RH_p=50\%$，新风温度 t_p 从 32℃增加到 40℃时，间接蒸发冷却器的冷凝率从 0（非冷凝）提高到 1（完全冷凝）。如图 5-1（b）所示，在非冷凝状态下，随着新风温度 t_p 的升高，新风和回风两个通道之间的温差增大，因此湿球效率升高。然而，一旦发生冷凝，湿球效率将随着新风温度的升高而大大降低[6]。这是因为冷凝过程释放的热量提高了壁面的温度，从而使得出口新风温度升高。入口新风的含湿量越高，冷凝效果越强，湿球效率下降越明显。另一方面，如图 5-1（c）所示，在冷凝状态下，扩大系数随着新风温度的增加而线性增加，这表明新风的潜热换热增强。当 $t_p=40$℃，$RH_p=70\%$时，潜热换热量占总换热量的 69%，扩大系数为 3.2。

从图 5-1（d）可以看到，在非冷凝状态下，当新风温度从 24℃增加到 40℃时，总换热量从 10.9kW/kg 线性增加到 52.8kW/kg。然而，当部分冷凝发生时，总换热量的增长率在 $t_p=32$℃时开始加速。当 t_p 从 32℃增加到 40℃时，总换热量从 31.6kW/kg 迅速增长到 79.6kW/kg，其增长的速率比非冷凝时大 1 倍。此外，当冷凝效果变得更强时，例如在 $RH_p=70\%$的完全冷凝状态下，总换热量进一步提高。在相同的新风温度下，在完全冷凝

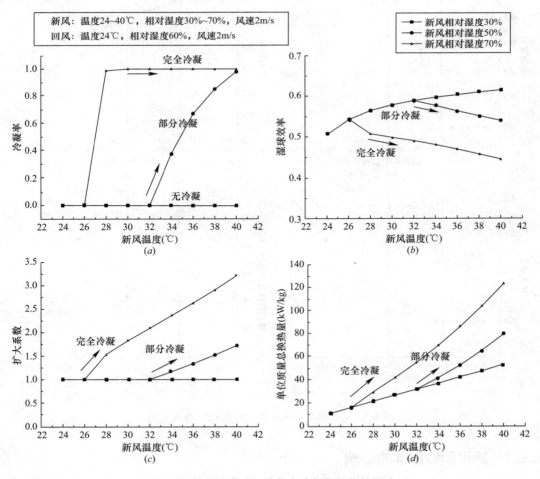

图 5-1 新风温度对间接蒸发冷却器性能的影响

状态下的总换热量比在部分冷凝状态下的总换热量大 55%～68%，但这两种状态下的总换热量随温度的增长速率相似。

图 5-2 显示了新风相对湿度对间接蒸发冷却器的影响。随着相对湿度的增加，冷凝率逐渐从 0 增加到 1，即从非冷凝状态过渡到部分冷凝状态，最后到完全冷凝状态。在部分冷凝区域，冷凝率在相对窄的相对湿度范围内线性增加。在非冷凝状态下，由于显热换热量保持不变，湿球效率、扩大系数和总换热量不随相对湿度变化。然而，在冷凝状态下，随着潜热换热量的增加[7]，湿球效率随着新风相对湿度的增加而线性降低。当相对湿度从 30% 增加到 90% 时，湿球效率下降了 22%。在非冷凝状态下，总换热量保持不变。然而，一旦发生冷凝，无论在部分冷凝状态还是完全冷凝状态下，总换热量都随着相对湿度的上升而线性增加。当相对湿度达到 90% 时，总换热量是非冷凝状态下的 1.8 倍。相应的扩大系数可达 4.5，这意味着潜热换热量占总换热量的 78%。

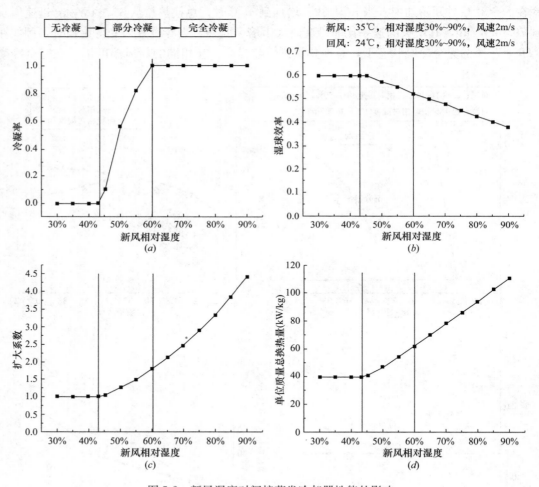

图 5-2 新风湿度对间接蒸发冷却器性能的影响

5.1.2 回风侧温湿度的影响

图 5-3 显示了回风温度对间接蒸发冷却器性能的影响。回风的湿球温度也预示着新风

出口温度的极限。在恒定的相对湿度下，回风的湿球温度随着干球温度的升高而升高。回风温度越高，两个通道之间的温差越小，热传递越少。因此，在 $t_p=35℃$，$RH_p=50\%$ 的条件下，回风温度从 20℃增加到 28℃，间接蒸发冷却器从完全冷凝状态变为部分冷凝状态，最后到无冷凝状态。由于回风温度的升高，冷却能力降低，在冷凝状态下，扩大系数也略微降低。此外，可以看到总换热量也有下降趋势。但与无冷凝状态相比，冷凝状态下换热量的下降趋势更为明显。例如，在无冷凝状态下，总换热量从 46.3kW/kg 下降到 32.0kW/kg，减少了 30.9%；在完全冷凝状态下，从 63.4kW/kg 下降到 32.0kW/kg，减少了 65.9%；在部分冷凝状态下，从 95.4kW/kg 下降到 57.5kW/kg，减少了 49.5%。这是由于在冷凝状态下显热和潜热换热量同时下降，因此总换热量的减少比在无冷凝状态下更多。

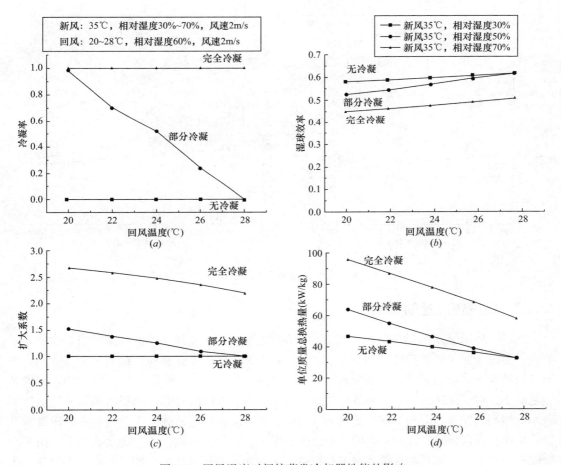

图 5-3 回风温度对间接蒸发冷却器性能的影响

图 5-4 显示了回风湿度对间接蒸发冷却器性能的影响。回风的湿球温度随着相对湿度的增加而增加。相对湿度越高，可提供的冷却能力越小。对于三种运行状态，回风湿度的增加将导致部分冷凝状态下的冷凝率下降，完全冷凝和部分冷凝状态的扩大系数降低和总换热量减少。从质传递机制来看，潮湿的回风会在壁面和空气之间产生较小的水蒸气分压力差，不利于水膜的蒸发[8]。

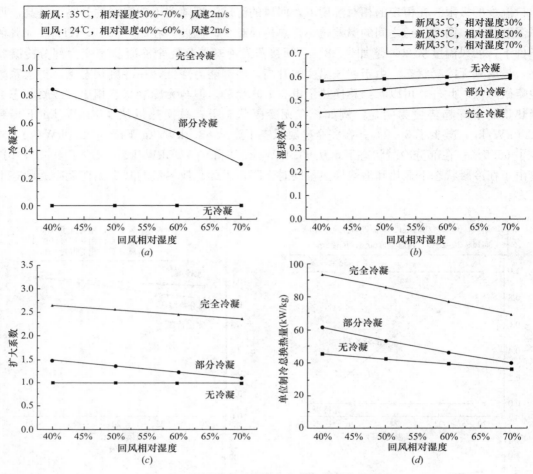

图 5-4　回风湿度对间接蒸发冷却器性能的影响

5.1.3　新风侧风速的影响

图 5-5 显示了新风风速对间接蒸发冷却器性能的影响。新风风速的增加带来更大的质量流速，但由于回风的冷却能力恒定，因此新风的冷却效果将被减弱。在 $t_p = 35℃$，$RH_p = 50\%$ 的情况下，随着新风风速的增加，冷凝率从 1（完全冷凝）下降到 0（无冷凝），扩大系数也减小。对于湿球效率，三种运行状态的曲线表现出相似的趋势，随着新风风速的增加而减小。然而，完全冷凝的下降趋势比无冷凝状态的下降趋势更显著，这是因为完全冷凝涉及潜热传递。新风量的增加对显热传递和湿球效率都具有负面影响。部分冷凝状态下，由于冷凝状态的转变，趋势更加平缓。对于总换热量，它随着新风风速的增加而提高，主要是因为更大的新风流量提供了更多的冷却载体。但是在冷凝状态下，总换热量增长的速率较慢。

5.1.4　回风侧风速的影响

图 5-6 显示了回风风速对间接蒸发冷却器性能的影响。与新风风速增大带来的负面影响相反，回风风速的增加可以提高冷却效果，因为冷却介质的质量流量增大。如图 5-6（a）所示，随着回风风速从 0.5m/s 增加到 5.0m/s，冷凝率从 0 急剧提高到 1。可以推断，随

着回风质量流量的增加，壁温大大降低，并产生冷凝。较大的回风风速可以带来较高的湿球效率、较大的扩大系数和总换热量。

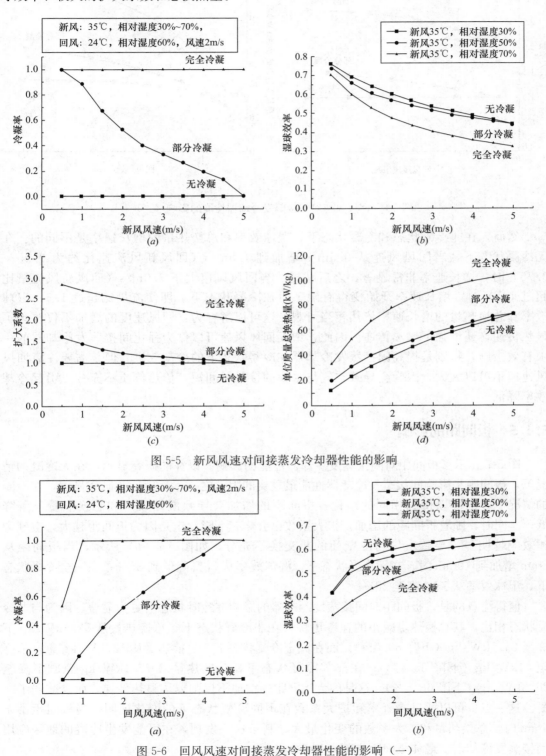

图 5-5　新风风速对间接蒸发冷却器性能的影响

图 5-6　回风风速对间接蒸发冷却器性能的影响（一）

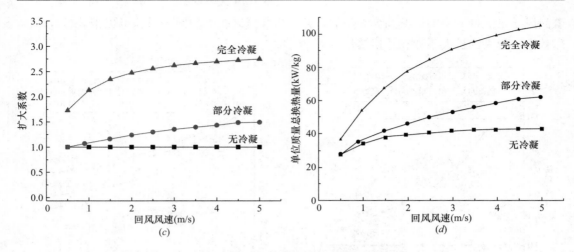

图 5-6　回风风速对间接蒸发冷却器性能的影响（二）

　　然而，在非冷凝状态和冷凝状态下，湿球效率和总换热量的增长速率是不同的。在无冷凝状态下，当回风风速从 0.5m/s 增加到 1.5m/s（回风新风流速比约为 0.25～0.75）时，增长速率非常显著，之后减慢。当回风风速大于 3.0m/s（回风新风流量比超过 1.5）时，增长速率开始变得有限。但在冷凝状态下，即使流量比超过 1.5，湿球效率和总换热量的增长速率依然相当可观。这可以解释为：回风速度的增加不仅改善了显热传递，还增强了潜热传递。因此，增大回风风速可以作为强化间接蒸发冷却器的一项有效措施，特别是提高间接蒸发冷却器在冷凝状态下的冷却效果。但是需要注意回风风速速不可以太大，因为会导致空气与水膜的接触时间短，传热传质不充分，引起冷却效率降低。

5.1.5　板间距的影响

　　图 5-7 显示了板间距对间接蒸发冷却器性能的影响。以往的研究显示，在无冷凝的情况下，板间距是影响间接蒸发冷却器性能最重要的因素之一[9]。最近的研究显示，在冷凝的情况下，也可以得到相同的结论：板间距的增加会导致湿球效率和总换热量显著降低[2]。同时，随着板间距的增加，扩大系数也会略有下降。这是因为板间距越大，空气旁通效应越明显，导致空气与冷壁面的热交换不充分。如图 5-7（b）所示，当板间距从 2mm 增加到 10mm 时，在无冷凝状态下，湿球效率从 88% 降低到 35%；在完全冷凝状态下，湿球效率从 72% 降至 28%。

　　值得注意的是，板间距对间接蒸发冷却器的影响在冷凝状态下更为显著，因为与非冷凝状态相比，其总换热量减小的速率更快。在非冷凝状态下，总换热量从 57.8kW/kg 下降至 23.1kW/kg（下降 60.0%）。而在完全冷凝状态下，总换热量从 127kW/kg 急剧下降至 44kW/kg（下降 65.4%）；在部分冷凝状态下，总换热量从 77.1kW/kg 急剧下降至 25.8kW/kg（下降 66.5%）。这是因为板间距的增加不仅削弱了显热传递，而且减弱了冷凝。这一点也可以通过冷凝率和扩大系数在不同冷凝状态下的变化证明。当板间距小于 5mm 时，总换热量和扩大系数的变化最大。基于这一发现，在可能发生冷凝的地区应用间接蒸发冷却器，最佳板间距应不大于 5mm。

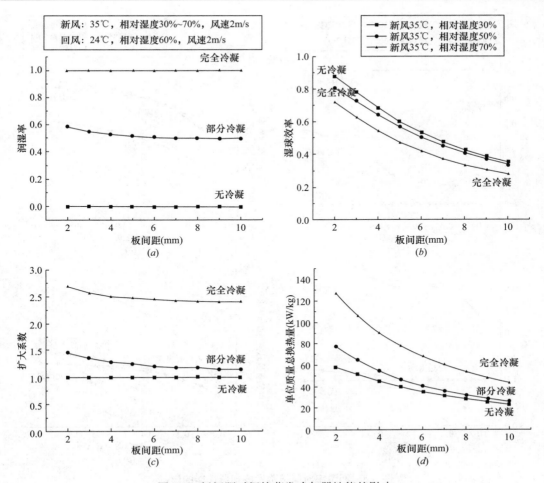

图 5-7　板间距对间接蒸发冷却器性能的影响

5.1.6　板面润湿率的影响

图 5-8 显示了润湿率对间接蒸发冷却器性能的影响。以前的研究表明，改善二次空气通道的润湿率是提高间接蒸发冷却器效率的有效措施，因为较高的润湿率增大了蒸发的表面积并降低了平均壁温[10]。最近的研究发现，改善润湿率不仅可以提高无冷凝状态下间接蒸发冷却器的湿球效率和单位质量总换热效率，也可以改善冷凝状态下的运行性能[2]。此外，润湿率的改善也会改变间接蒸发冷却器的运行状态。由图 5-8（a）可以看到，在 $t_p = 35℃$，$RH_p = 50\%$ 时，润湿率从 0 提高到 1.0，冷凝率从 0 增加到 0.58。

然而，无冷凝状态和冷凝状态下湿球效率和总换热量的改善趋势略有不同。对于无冷凝状态，当润湿率从 0 增加到 0.4 时，这两个指标的提高非常明显。当润湿率超过 0.4 时，指标增速减缓。在冷凝状态下，湿球效率的整体增长趋势相对更平滑，并且当润湿率持续增加时，总换热量仍然保持显著的增长。这归因于润湿率的增加提高了传热速率和传质速率。但是由于冷凝带来的壁温升高，传热速率的增速被部分抵消。传质的增强体现在扩大系数的增加上。基于这一发现，在冷凝状态下，提高壁面润湿率是改善间接蒸发冷却器性能的有效方法。

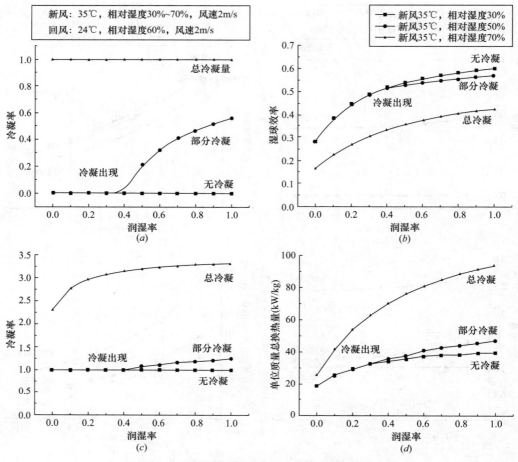

图 5-8　润湿率对间接蒸发冷却器性能的影响

5.1.7　流动方向板高度的影响

图 5-9 显示了冷却器高度（空气流动方向的高度）对间接蒸发冷却器性能的影响。间接蒸发冷却器高度增加，总传热面积增大，传热单元数 NTU 也随之增大，从而提高了湿球效率和扩大系数。在间接蒸发冷却器三种运行状态下，随着 NTU 的增加，湿球效率增长趋势相似。当 NTU 小于 1.5 时，湿球效率增长显著；而当 NTU 超过 3.0 时，增长速率大大减慢。所以制造商应该权衡增加的制造成本和取得的效益。此外，模拟结果显示总换热量随着 NTU 的增加而减小，这是因为该评价指标考虑了空气质量。传热量改善的同时，冷却器内空气质量也大大增加，因此单位质量空气所获得的总换热量降低。

5.1.8　空气流动方向的影响

根据空气流动方向分类，常见的间接蒸发冷却器可以分为逆流和叉流两种类型。逆流式是指新风和回风平行流动，但方向相反。一股气流自上而下，另一股气流自下而上。叉流式是指新风和回风流动方向相互垂直。相比逆流式冷却器，叉流式冷却器的加工和安装更方便。本小节将在不同新风温度、新风湿度、新风风速和板间距的工况下，对比两种间接蒸发冷却器的性能。

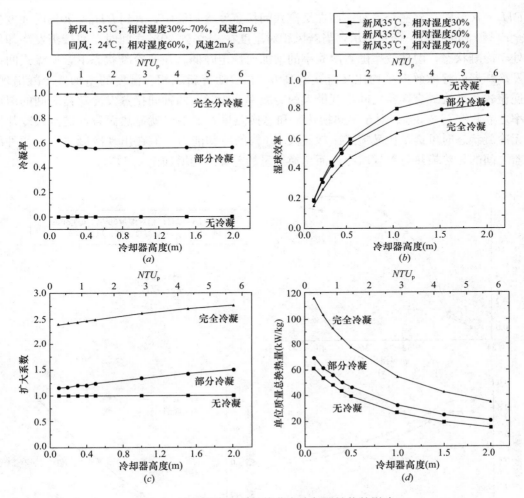

图 5-9　冷却器高度对间接蒸发冷却器性能的影响

图 5-10 显示了新风温度对逆流式和叉流式间接蒸发冷却器性能的影响。由图可以看到，逆流式和叉流式间接蒸发冷却器在冷凝率、湿球效率和总换热量上具有相同的变化趋势，但随着新风入口温度的变化，它们之间的差异也随之变化。虽然两种间接蒸发冷却器的冷凝率都随着温度的升高而上升，但逆流式比叉流式增长更快。当新风温度增加到 $36℃$ 时，逆流式间接蒸发冷却器处于完全冷凝状态，而叉流式间接蒸发冷却器的冷凝率仅为 0.82。一旦发生冷凝，湿球效率会迅速下降。通常，逆流式的湿球效率高于叉流的湿球效率，但随着新风温度的升高，两者之间的差异从 6.8% 缩小到 2.4%，而两者之间冷凝率的差异在增加。对于换热量，两种间接蒸发冷却器的显热换热量平均差值为 $1.6kW/kg$。由于冷凝产生的潜热释放，总换热量的增长速率比显热换热量的增长速率大两倍以上。并且逆流式和叉流式之间的差异在 $t_p=44℃$ 时增加到 $7.7kW/kg$。

图 5-11 显示了新风湿度对逆流式和叉流式间接蒸发冷却器性能的影响。从图中可以看到，在冷凝和非冷凝状态下，两种冷却器的差异在湿球效率，显热换热量和总换热量方面下几乎不随新风相对湿度的变化而变化。两种间接蒸发冷却器都是在 $RH_p=45\%$ 时发生冷凝，之后冷凝率和总换热量随着新风湿度的增加而增加。在逆流式间接蒸发冷却器中，

当RH_p＝70％时达到完全冷凝；而在叉流式间接蒸发冷却器中，直到RH_p＝90％时才发生完全冷凝。如图 5-11（b）所示，当新风相对湿度在 45％到 90％之间时，间接蒸发冷却器都处于冷凝状态，湿球效率随着冷凝率的增加而稳定降低。在非冷凝状态下，逆流式间接蒸发冷却器的湿球效率平均比叉流式的高 6.3％。随着新风相对湿度的增加，冷凝出现。当逆流式和叉流式交换器之间出现最大的冷凝率差距时，两种间接蒸发冷却器之间的湿球效率之差收窄至 2.3％。对于显热换热量和总换热量，如果仅就显热而言，逆流式冷却器在无冷凝状态时可提供比叉流式冷却器大 4.6％的冷却能力。但在出现冷凝之后，两种冷却器之间的显热换热量差异减小，而总换热量的差异平均增加至 8.6％。

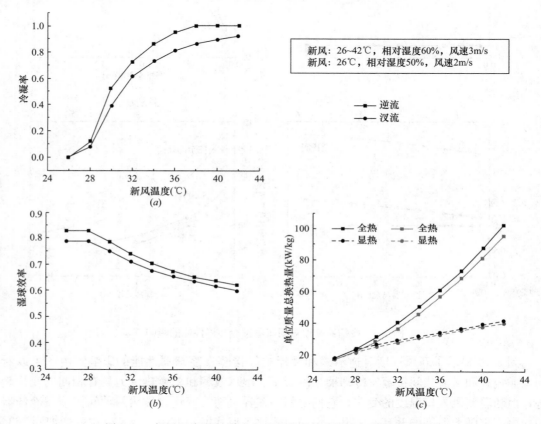

图 5-10　新风温度对逆流式和叉流式间接蒸发冷却器性能的影响

图 5-12 显示了新风风速对逆流式和叉流式间接蒸发冷却器性能的影响。随着新风风速的增加，逆流式和叉流式在冷凝率、湿球效率和总换热量之间的差距在增大。随着新风风速从 0.5m/s 增加到 5m/s，逆流式和叉流式间接蒸发冷却器之间冷凝率的差异从 1.8％增长到了 11.5％。它们在湿球效率之间的差异也从 1.6％增加到了 6.4％。此时逆流式间接蒸发冷却器可以提供比叉流式平均低 0.6℃的出口新风。对换热量而言，显热换热量随着新风风速的增加呈现线性增长。由于凝结效应的减弱，总换热量的增长率缓慢下降。叉流式间接蒸发冷却器中的总换热量和显热换热量比逆流式的上升速率慢。两种流动之间的总换热量差异从 0.2kW/kg 增加到 5.7kW/kg；显热换热量之间的差异从 0.1kW/kg 增加到 2.6kW/kg。

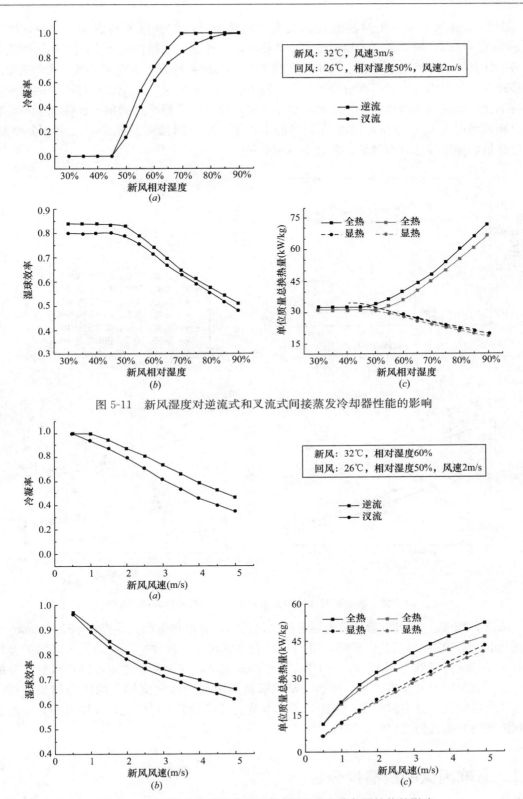

图 5-11　新风湿度对逆流式和叉流式间接蒸发冷却器性能的影响

图 5-12　新风风速对逆流式和叉流式间接蒸发冷却器性能的影响

图 5-13 显示了板间距对逆流式和叉流式间接蒸发冷却器性能的影响。当板间距从 2mm 增加到 9mm 时，叉流式和逆流式冷却器在湿球效率和总换热量上呈现出相同的变化趋势，并且它们之间的差异正在减小。在 35℃，50％的入口新风条件下，叉流式和逆流式间接蒸发冷却器中都发生了部分冷凝状态。随着板间距的增大，叉流式冷却器中的冷凝率保持不变，而逆流式冷却器中的冷凝率稳定下降，这导致冷凝率之间的差异逐渐变窄。在入口新风温度为 35℃和相对湿度为 80％的条件下，由于间接蒸发冷却器发生完全冷凝，释放热量，导致湿球效率最低，并且下降速率最快。

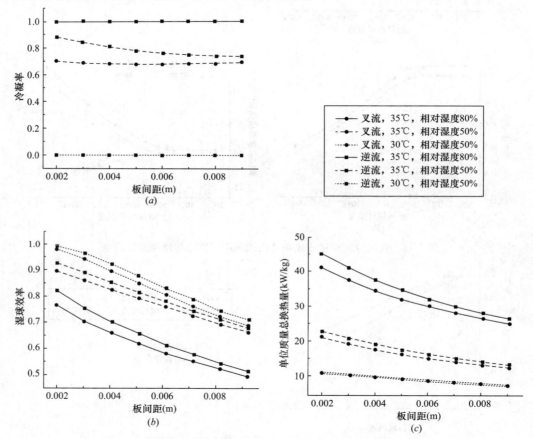

图 5-13　板间距对逆流和叉流间接蒸发冷却器性能的影响

从图 5-13 (c) 中可以看到，当通道间隙最小时，总换热量最大。当板间距从 2mm 增加到 9mm 时，总换热量急剧下降，特别是对于冷凝状况，两种空气流动方式之间的差异从 4.3kW/kg 降低到 1.4kW/kg。由于在较窄的通道下，气流和板之间可以进行更充分的热传递，从而增加了换热效率。然而，窄的通道间隙会导致气流较大的压力损失。相应的，风机需要消耗更多的能量。因此，第 5.3 节会对板间距进行优化，在增强换热和减少能源消耗两方面找到适宜的平衡点。

5.2　影响因素的敏感度分析

为了确定对间接蒸发冷却器性能影响最为显著的因素，本节用正交试验的方法对 7 个影响因素进行了敏感度分析，包括新风温度 t_p、新风相对湿度 RH_p、回风温度 t_s、回风相对湿度 RH_s、新风回风风速比 u_p/u_s，板间距 s 和板高度 H。

5.2.1 间接蒸发冷却器的性能评价

湿球效率通常用作间接蒸发冷却器的性能评价指标，表示为：

$$\eta_{wb} = \frac{t_{p,in} - t_{p,out}}{t_{p,in} - t_{wb,s,in}} \tag{5-1}$$

湿球效率代表了间接蒸发冷却器处理显热的能力。但在间接蒸发冷却器出现冷凝的状态下，需要其他评估指标来评估其处理潜热的能力。因此，引入扩大系数 ε 用于评估由于冷凝带来的扩大的传热量。扩大系数越大，潜热所占的比重越大。

$$\varepsilon = \frac{Q_{tot}}{Q_{sen}} = \frac{c_{pa} \cdot m_p \cdot (t_{p,in} - t_{p,out}) + h_{fg} \cdot m_p \cdot (\omega_{p,in} - \omega_{p,out})}{c_{pa} \cdot m_p \cdot (t_{p,in} - t_{p,out})} \tag{5-2}$$

间接蒸发冷却器的总换热量可以改写为：

$$Q_{tot} = \varepsilon \cdot Q_{sen} = \varepsilon \cdot m_p \cdot c_{pa} \cdot (t_{p,in} - t_{p,out}) = \eta_{wb} \cdot \varepsilon \cdot m_p \cdot c_{pa} \cdot (t_{p,in} - t_{wb,s,in}) \tag{5-3}$$

式中，m_p，$t_{p,in}$ 和 $t_{wb,s,in}$ 的值分别由空气流量的需求、室外空气参数和室内设计参数决定。当系统的用途和场所确定后，这些参数的值将无法控制。因此，对于某个系统而言，湿球效率和扩大系数的乘积（$\eta_{wb} \cdot \varepsilon$）在确定总换热量方面起着重要作用。因此，提出将 $\eta_{wb} \cdot \varepsilon$ 作为评价间接蒸发冷却器热回收性能的综合指数进行进一步的分析。

5.2.2 正交试验

正交试验是一种高效、快速、经济的多级因子设计方法。这种方法从大量的试验点中挑选适量的具有代表性的点来安排试验，并进行数据分析。通过使用正交表合理地安排一些代表性实验，可以用最少的试验次数获得每个因子的重要性和各因子的优化组合。

本节选择 7 个参数（t_p、RH_p、t_s、RH_s、u_p/u_s、s 和 H）进行敏感度分析，以确定在冷凝状态下对间接蒸发冷却器性能最有影响的参数。以下依次分析了各个参数对三个指标（湿球效率 η_{wb}，扩大系数 ε 和综合指数 $\eta_{wb} \cdot \varepsilon$）的影响大小。湿球效率、扩大系数和综合指数的影响程度分别代表了对间接蒸发冷却器显热传递、潜热传递和总传热的影响程度。

在进行各参数敏感度分析之前，需要确定各个参数的取值范围。新风温度 t_p 和相对湿度 RH_p 的范围是根据炎热潮湿地区的天气条件而确定。回风温度 t_s 和回风相对湿度 RH_s 的范围是基于空调房间的一般设定范围。在大多数情况下，送风量与排风量之比等于 1。但是，在一些特殊应用领域，如洁净室和含有污染物的房间，应分别保证室内正压和负压，以防止污染物进入或者传播到室外。因此，新风风速与回风风速之比 u_p/u_s 可能小于或大于 1。此外，考虑到经过间接蒸发冷却器产生的压降并保证有足够的热传递时间，通常推荐的间接蒸发冷却器内的空气流速为 $2\sim4m/s$，u_p/u_s 在 $0.5\sim2$ 之间。因此，参数敏感度分析中 u_p/u_s 的范围确定为 $0.5\sim2$。在模拟中，回风风速 u_s 为定值（$2m/s$）。间接蒸发冷却器的宽度设定为 $0.5m$，高度在 $0.5\sim2m$ 之间，新风通道数量为 50。

正交试验点具有正交性，即其既无重复也无遗漏的特性，正交试验点的分布是均匀的。一般常用的 2 水平正交表有 $L_4(2^3)$、$L_8(2^7)$ 等，常用的 3 水平的正交表有 $L_9(3^4)$、

$L_{27}(3^{13})$ 等。在本节中，为每个参数选择了 3 个水平。参数的范围和水平列于表 5-2 中。因此，正交试验表选用了标准 7 参数 3 水平的表 $L_{18}(3^{7})$，并根据正交试验表的安排进行模拟。模拟总数为 18 次，远小于全因子模拟方案的 2187 次（$3^{7} = 2187$）。在保证结果可信度的前提下，大大减小了模拟的工作量。本节仅考虑了各个因素单独的作用，而没有考虑多因素之间的交互作用。

正交试验各个参数的取值范围和水平 表 5-2

编号	参数	范围	水平 1	水平 2	水平 3
1	$t_{\mathrm{p}}(℃)$	30~38	30	34	38
2	$RH_{\mathrm{p}}(\%)$	60~90	60	75	90
3	$t_{\mathrm{s}}(℃)$	22~28	22	25	28
4	$RH_{\mathrm{s}}(\%)$	40~70	40	55	70
5	$u_{\mathrm{p}}/u_{\mathrm{s}}$	0.5~2	0.5	1.25	2
6	$s(\mathrm{mm})$	2~10	2	6	10
7	$H(\mathrm{m})$	0.5~2	0.5	1.25	2

5.2.3　数据分析方法

对于按照正交表所得的试验结果进行处理的方法主要有两种：极差分析法，即简单直观的分析方法；方差分析法，即正规统计分析方法。

极差分析法也称为直观分析法。其优点是计算简单、快捷；缺点是不能估算试验误差。它适用于试验误差不大、精度要求不高的场合。极差分析法是正交设计中常用的分析方法之一，但由于极差分析法不能充分利用试验数据所提供的信息，其应用受到了一定的限制。极差分析法可以对参数的影响进行排序，并通过简单的计算选择最佳的水平组合。参数的影响大小可以通过某因素的极差 R_{j} 来评估，计算公式如下：

$$R_{j} = \max[\bar{y}_{j1}, \bar{y}_{j2}, \cdots] - \min[\bar{y}_{j1}, \bar{y}_{j2}, \cdots] \tag{5-4}$$

其中，R_{j} 是因子 j 的范围；$\bar{y}_{jk}$ 是 y_{jk} 的平均值。y_{jk} 是第 j 因素 k 水平所对应的试验指标和。R_{j} 的大小与其对试验指标的影响大小成正比。R_{j} 越大，则该因素就越重要。

基于极差法，因子—指标趋势图通常用作显示每个参数对指标的影响的可视化方法。其中，参数的水平为 x 轴，不同水平下的平均指标为 y 轴。

另一种试验结果处理的方法叫方差分析法。方差分析法是一种严格的统计学分析方法。其优点是具有严格的统计学基础，是一种规范的试验分析方法；其缺点是计算较为复杂，计算量较大。以下是详细计算步骤及计算公式：

首先，计算偏差平方和及其自由度。无重复试验时，方差分析的一般公式为：

$$S = \sum_{i=1}^{a}(y_{i} - \bar{y})^{2} = \sum_{i=1}^{a}y_{i}^{2} - \frac{1}{a}\left(\sum_{i=1}^{a}y_{i}\right)^{2} \tag{5-5}$$

其中，S 是总偏差平方和。y_{i} 是第 i 次试验数据。a 是试验次数。$\bar{y}$ 是实验数据的平均值。

列偏差平方和的计算公式为：

$$S_{j} = \frac{a}{b}\sum_{k=1}^{b}(\bar{y}_{jk} - \bar{y})^{2} = \frac{b}{a}\sum_{k=1}^{b}y_{jk}^{2} - \frac{1}{a}\left(\sum_{i=1}^{a}y_{i}\right)^{2} \tag{5-6}$$

其中，S_j 是第 j 列的偏差平方和。b 是因子的水平数。$\bar{y}_{jk}$ 是第 j 列 k 水平的试验数据平均值。

总偏差平方和的自由度为：

$$f = a - 1 \tag{5-7}$$

第 j 列中偏差平方和的自由度为：

$$f_j = b - 1 \tag{5-8}$$

在进行各项影响因素的显著性检验中，可以采用 F 检验法。统计量的计算公式为：

$$F_A = \frac{S_A / f_A}{S_e / f_e} \tag{5-9}$$

其中，F_A 是 A 因素的 F 比。S_A 是 A 因素的偏差平方和；S_e 是试验误差的偏差平方和。f_A 是 A 因素的自由度。f_e 是试验误差的自由度。

接下来，从数理统计书中都可以查到第一自由度为 f_A，第二自由度为 f_e 的 F 检验的临界值（取 $\alpha = 0.01$）$F_{0.01}(f_A, f_e)$。若 $F_A > F_{0.01}(f_A, f_e)$，则第 j 列上的因子对指标影响特别显著，反之则该因子影响不显著。

因子 j 的贡献比可以计算如下：

$$\rho_j = \frac{S_j - f_j \cdot V'_e}{S} \quad (\%) \tag{5-10}$$

其中，V'_e 是误差平方偏差的平均和。

5.2.4 敏感度分析结果

本节给出了使用极差法和方差法进行参数敏感度分析的结果，得出各个参数对湿球效率、扩大系数和综合指数的影响大小排序及其贡献率。

正交表 $L_{18}(3^7)$ 和相应的模拟结果如表 5-3 所示。从表 5-3 可以看出，湿球效率（η_{wb}）和扩大系数（ε）分别在 $0.171 \sim 0.905$ 和 $1.0 \sim 5.19$ 的较大范围内变化，导致综合指数（$\eta_{wb} \cdot \varepsilon$）从 0.49 到 3.39 变化。此外，较大的湿球效率对应较小的扩大系数。这意味着在冷凝条件下，潜热传递随着显热传递的减小而增加。利用前面介绍的极差法计算出每个参数变化范围所对应的指标变化，并表示在因子—指标图上，如图 5-14 所示。对湿球效率而言，七个参数的影响大小为 $s > H > u_p/u_s > RH_p > RH_s > t_s > t_p$。对于扩大系数：$RH_p > t_p > u_p/u_s > RH_s > t_s > H > s$。对于综合指数：$s > H > u_p/u_s > RH_p > t_s > t_p > RH_s$。由于湿球效率，扩大系数和综合指数反映了显热传递、潜热传递和全热传递的影响，因此，影响的排序实际反映了各个参数对三种传热的影响。

正交试验的模拟结果 表 5-3

编号	$t_p(℃)$	$RH_p(\%)$	$t_s(℃)$	$RH_s(\%)$	u_p/u_s	s(mm)	H(m)	η_{wb}	ε	$\eta_{wb} \cdot \varepsilon$
1	30	0.6	22	0.4	0.5	2	0.5	0.792	2.17	1.72
2	30	0.75	25	0.55	1.25	6	1.25	0.588	2.19	1.29
3	30	0.9	28	0.7	2	10	2	0.382	3.07	1.17
4	34	0.6	22	0.55	1.25	10	2	0.592	1.86	1.10
5	34	0.75	25	0.7	2	2	0.5	0.533	2.37	1.26
6	34	0.9	28	0.4	0.5	6	1.25	0.393	4.27	1.68

续表

编号	t_p(℃)	RH_p(%)	t_s(℃)	RH_s(%)	u_p/u_s	s(mm)	H(m)	η_{wb}	ε	$\eta_{wb}\cdot\varepsilon$
7	38	0.6	25	0.4	2	6	2	0.560	2.07	1.16
8	38	0.75	28	0.55	0.5	10	0.5	0.349	3.37	1.18
9	38	0.9	22	0.7	1.25	2	1.25	0.692	4.71	3.26
10	30	0.6	28	0.7	1.25	6	0.5	0.491	1.00	0.49
11	30	0.75	22	0.4	2	10	1.25	0.331	2.22	0.74
12	30	0.9	25	0.55	0.5	2	2	0.905	3.74	3.39
13	34	0.6	25	0.7	0.5	10	1.25	0.682	1.68	1.14
14	34	0.75	28	0.4	1.25	2	2	0.773	3.02	2.34
15	34	0.9	22	0.55	2	6	0.5	0.209	4.28	0.89
16	38	0.6	28	0.55	0.5	2	1.25	0.663	1.85	1.23
17	38	0.75	22	0.7	0.5	6	2	0.860	3.58	3.08
18	38	0.9	25	0.4	1.25	10	0.5	0.171	5.19	0.89

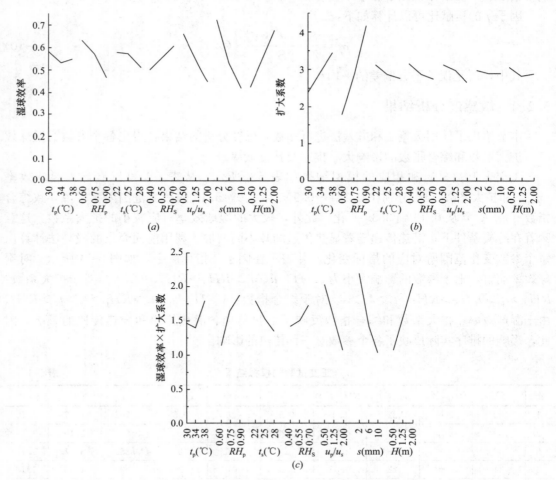

图 5-14　极差法计算的因子——指标趋势

（a）因子——湿球效率；（b）因子——扩大系数；（c）因子——湿球效率×扩大系数

与极差法相比，方差分析法可以提供更准确的结果和更多的信息。此外，还可以用 F 检验判断某个参数的重要性。对指标有显著影响的参数在表 5-4 中用"√"标记。从表 5-4 中可以看出，对于各个参数影响大小，方差法和极差法所得到的结论是相同的。对湿球效率而言，各个参数的影响大小为 $s>H>u_p/u_s>RH_p>RH_s>t_s>t_p$。对于扩大系数：$RH_p>t_p>u_p/u_s>RH_s>t_s>H>s$。对于综合指数：$s>H>u_p/u_s>RH_p>t_s>t_p>RH_s$。

方差法的分析结果　　　　　　　　　　　　　　　　　　　　　表 5-4

指标 ＼ 参数	$t_p(℃)$	$RH_p(\%)$	$t_s(℃)$	$RH_s(\%)$	u_p/u_s	$s(mm)$	$H(m)$
湿球效率分析结果							
方差	0.008	0.091	0.019	0.032	0.142	0.298	0.195
贡献率	7.1%	10.6%	1.4%	3.1%	17.0%	37.0%	23.8%
显著性*						√	√
扩大系数分析结果							
方差	3.398	17.974	0.443	0.553	0.766	0.026	0.190
贡献率	14.4%	76.9%	1.8%	2.3%	3.2%	0.8%	0.7%
显著性*	√	√		√	√		
综合指数分析结果							
方差	0.544	1.711	0.625	0.314	2.731	4.203	2.801
贡献率	1.8%	10.8%	2.4%	17.0%	18.7%	30.1%	19.2%
显著性**						√	√

* F 检验中 $a=0.05$。

** F 检验中 $a=0.1$。

根据敏感度分析的结果可以看出，湿球效率受板间距和冷却器高度的影响显著，而扩大系数主要取决于新风湿度，该因素的贡献率为 76.9%。板间距和冷却器高度对综合指数有显著影响，贡献率分别为 30.1% 和 19.2%。由于综合指数反映了间接蒸发冷却器运行中的总传热量，这是设计和运行中最重要的考虑因素。因此，将板间距和冷却器高度作为下一部分需要优化的参数。

5.3 间接蒸发冷却器结构参数优化

上一节的敏感度分析得到板间距和冷却器高度是影响间接蒸发冷却器总传热量最显著的因素。由于冷却器高度随间接蒸发冷却器的截面形状而变化，因此很难被用作普适的优化指标。因为在板间距、板长度和通道数固定的情况下，冷却器高度是影响传热面积的唯一因素，所以优化结果可以通过传热单元数（NTU）给出。此外，在板面积一定的情况下，板面高长比也会影响间接蒸发冷却器的性能。综上，本节将优化间接蒸发冷却器的三个结构参数：板间距、传热单元数和板面高长比。

5.3.1 参数设置

间接蒸发冷却器的结构参数不仅对其冷却性能有很大影响，而且对能耗也有很大影响。在设计中，需要在满足冷却需求的基础上，最大限度地降低间接蒸发冷却器的运行能耗。本节从冷却性能和能耗两个方面综合考虑，优化了逆流式和叉流式间接蒸发冷却器的3个结构参数：包括板间距、传热单元数（NTU_p）和高长比（H/L）。优化的过程分为3步：（1）绘制总换热量随着板间距、传热单元数（NTU_p）和高长比（H/L）的变化趋势；（2）建立间接蒸发冷却器能耗模型，计算每个模拟条件下的能耗；（3）同时考虑总换热量和能耗，建立间接蒸发冷却器净节能模型。优化参数为净节能最高或较高值下的结构参数。

模拟的参数设置如表5-5所示。模拟中选择三个状态的入口新风温湿度组合来模拟无冷凝、部分冷凝和完全冷凝状态下的间接蒸发冷却器性能。对于每个模拟条件，新风和回风风量均为$800m^3/h$，通道数为50。板间距、传热面积和高长比的变化范围分别如表5-5所示。换热面积（A）由无量纲变量NTU_p表示，NTU_p的范围为0.7～6。

参数设置 表5-5

影响参数	预先设定的运行参数						
	t_p(℃)	RH_p	t_s(℃)	RH_s	s(mm)	A(m²)	H/L
s(mm)	30	0.5	24	0.6	**2～9**	1	1
	35	0.5					
	35	0.8					
A(m²)	30	0.5	24	0.6	4	**0.1～2**	1
	35	0.5					
	35	0.8					
H/L	30	0.5	24	0.6	4	1	**0.2～2.2**
	35	0.5					
	35	0.8					

5.3.2　板间距的优化

研究显示板间距越小，间接蒸发冷却器的冷却效率越高[2]。然而，较小的通道间隙会导致较大的压力损失，导致风机的能耗将增加。因此，应该在效率的提高和能耗的增加之间进行权衡，找到一个最优的平衡点。所以建议将净节能量最大作为优化目标。为了计算净节能量，一方面需要计算间接蒸发冷却器为空调系统节约了多少电能；另一方面，需要计算间接蒸发冷却器本身带来的新增的能耗。下文详细介绍了间接蒸发冷却器的能耗计算方法。

与消耗电力来驱动压缩机的传统蒸汽压缩式空调系统不同，间接蒸发冷却器仅使用电力来驱动两个风机和一个循环水泵。风机的能耗可以用下面的水力计算模型估计。

空气的压降为：

$$\Delta P = \frac{f_{Re}}{Re} \cdot \frac{L}{d_e} \cdot \frac{\rho u^2}{2} \tag{5-11}$$

其中，f_{Re}是摩擦系数。Re是雷诺数，定义为$Re = u \cdot d_e / \nu$。
空气通道的水力直径为：

$$d_e = \frac{2ab}{a+b} \tag{5-12}$$

其中，a和b是通道截面的长边和短边，单位为米。

摩擦系数可以由经验公式计算：

$$f_{Re} = 96(1 - 1.3553\alpha + 1.9467\alpha^2 - 1.7012\alpha^3 + 0.9564\alpha^4 - 0.2537\alpha^5) \tag{5-13}$$

其中，α 是无量纲的形状系数 $\alpha = b/a$。

根据实验研究，由于回风通道中空气与水滴的相互作用，回风通道的阻力比新风通道大 $2.5 \sim 3$ 倍[11]。因此，实际新风风道和回风风道的阻力可以分别计算如下：

$$\Delta P_p = \Delta P \tag{5-14}$$

$$\Delta P_s = 3\Delta P \tag{5-15}$$

风机的能耗为：

$$P_{p,fan} = \frac{Q \times \Delta P}{3600 \times 1000 \times \eta_0 \times \eta_1} \times K \tag{5-16}$$

式中　$P_{p,fan}$——风机的能耗，kW；

$\quad Q$——空气流量，m^3/h；

$\quad \eta_0$——风机内部效率，通常在 $0.7 \sim 0.8$ 之间；

$\quad \eta_1$——机械效率，通常在 $0.85 \sim 0.95$ 之间；

$\quad K$——电机容量系数，通常在 $1.05 \sim 1.1$ 之间。

本书中，η_0、η_1 和 K 分别假设为 0.75，0.9 和 1.1。回风风机的能耗可以类似地计算。

水泵的能耗为：

$$W = m_w \cdot g \cdot H_{tot} \cdot K = m_w \cdot g \cdot (H_{nozzle} + H_{gravity} + H_{value}) \cdot K \tag{5-17}$$

式中　m_w——循环水流量；

$\quad H_{tot}$——总水头损失，包括重力损失、喷嘴水头损失和阀门的损失。

循环水流量应该满足在间接蒸发冷却器的换热表面形成湿膜，可以按下式估计：

$$m_w = \Gamma \cdot (n_1 + n_2) \cdot L \tag{5-18}$$

其中，Γ 是优化的水喷淋密度。根据实验研究，板式间接蒸发冷却器的优化水喷淋密度为 $15 \sim 20 kg/(m \cdot h)$[12]。$n_1$ 和 n_2 分别是新风通道数目和回风通道数目。

为了综合考虑间接蒸发冷却器的冷却效率和能耗，采用净节能量（E_{net}，kW）作为评估指标，计算式如下：

$$E_{net} = E_{saving} - E_{fan} - E_{pump} \tag{5-19}$$

$$E_{saving} = \frac{Q_{saving}}{COP} = \frac{m_p \cdot (h_{p,in} - h_{p,out})}{COP} \tag{5-20}$$

式中　E_{net}——间接蒸发冷却器的净节能量，kW；

$\quad E_{saving}$——间接蒸发冷却器的节能量，kW；

$\quad E_{fan}$——送风机和排风机的能耗，kW；

$\quad E_{pump}$——循环泵的能耗，kW；

$\quad Q_{saving}$——总换热量，kW；

$\quad COP$——中央冷却系统的整体性能系数，设定为 4.5。

在第 5.1.8 小节中可以得到：板间距越小，单位质量空气的总换热量越大，换热效率越高。然而，窄的通道间隙会导致气流较大的压力损失，相应的，风机需要消耗更多的能量。净节能量同时考虑了总换热量和运行能耗。图 5-15 显示了不同板间距下间接蒸发冷却器的净节能量。当净节能量达到峰值点时，对应的板间距是最佳的。结果表明，在不同的入口空气条件下，净节能量的变化趋势有少许不同。在中等湿度（$RH = 50\%$）的情况下，无论是逆流式还是叉流式间接蒸发冷却器，在板间距从 2mm 增加到 3mm 的范围内，净节能量随着板间距的增大而增大。当板间距大于 4mm 时，净节能量随着板间距的增大而缓慢减小。因此，在中等湿度的情况下，最优的板间距是 3～4mm。在高湿度（$RH = 80\%$）的情况下，无论是逆流式还是叉流式间接蒸发冷却器，净节能量随着板间距的增大而逐渐减小。因此，在高湿度的情况下，最优的板间距是 2mm。综上所述，当间接蒸发冷却器在热湿地区用于热回收时，最优的板间距是 2～4mm。

5.3.3　传热单元数的优化

本小节的目标是在入口空气条件、板间距和换热器长度一定的情况下，优化新风流动方向的长度，即冷却器的高度。然而，换热器高度并不是一个有普适性的参数。因此，将优化结果转化为传热单元数表示。

图 5-16 显示了不同传热单元数下的净节能量。图中各个模拟条件下，换热面积均为 1.0m^2。可以看到，在不同的空气进口条件下，净节能率变化趋势相似。随着传热单元数的增加，净节能量逐渐增加。在传热单元数较小时，叉流式间接蒸发的净节能量与逆流的差别不大。随着传热单元数的增大，逆流式和叉流式冷却器的净节能量差值也在逐步扩大。在 $NTU_p \geqslant 3.1$ 时，为了实现与逆流式间接蒸发冷却器相同的净节能量，叉流式冷却器的换热面积应比逆流的大 1.2～1.3 倍。此外，可以看到，随着传热单元数的增加，净节能量开始时迅速增加，之后速度变缓。在高湿度（$RH = 80\%$）的条件下，$NTU_p \geqslant 4$ 时，净节能量加速明显变缓。在中等湿度（$RH = 50\%$）的条件下，$NTU_p \geqslant 3$ 时，净节能量加速明显变缓。综上所述，当间接蒸发冷却器在热湿地区用于热回收时，传热单元数的适宜范围为 3～4。

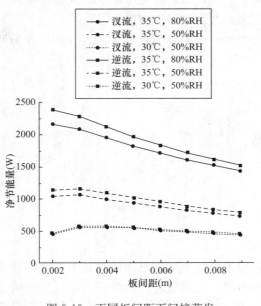

图 5-15　不同板间距下间接蒸发
冷却器的净节能量

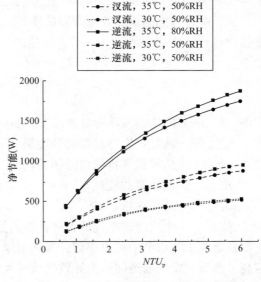

图 5-16　不同传热单元数（NTU_p）下间接蒸发
冷却器的净节能量

5.3.4 板面高长比的优化

在换热面积一定的情况下,间接蒸发冷却器的高长比(H/L)是影响冷却器性能的重要指标。因此,本节研究了高长比对间接蒸发冷却器的影响,并提出了优化的高长比范围。图 5-17 显示了叉流式和逆流式间接蒸发冷却器在不同高长比下的性能。随着高长比的增加,两种空气流向的冷却器在湿球效率、总换热量和净节能量指标上显示出不同的变化趋势。如图 5-17(b)所示,逆流式间接蒸发冷却器的湿球效率随着高长比的增加而增加。但当高长比增加到 0.8 时,上升趋势变得缓慢。而叉流式间接蒸发冷却器的湿球效率表现出相反的趋势:随着高长比的增加而减小,这是因为新风流动方向上的传热长度减小。

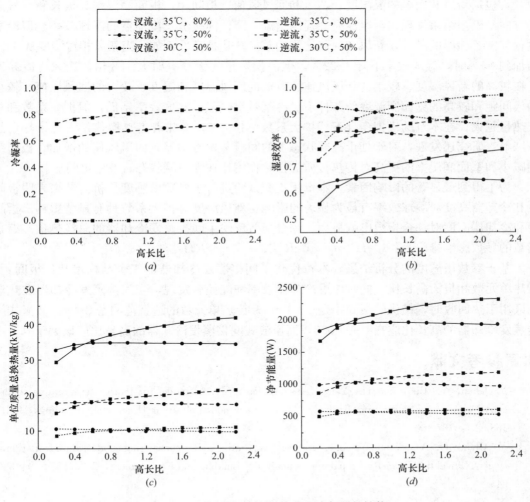

图 5-17　不同高长比下间接蒸发冷却器的性能

如图 5-17(c)和图 5-17(d)所示,随着高长比的增加,叉流式和逆流式间接蒸发冷却器在总换热量和净节能量之间存在交叉。在较小的高长比时,逆流式间接蒸发冷却器的总换热量低于叉流式,但随着高长比的增加而不断上升,并最终超过叉流式间接蒸发冷却器。在不同入口空气条件下,逆流式和叉流式间接蒸发冷却器的总换热量在高长比为 0.5

（35℃，80％），0.6（35℃，50％）和 0.8（30℃，50％）时相等。在不同入口空气条件下，逆流式和叉流式间接蒸发冷却器的净节能量在高长比为 0.4（35℃，80％），0.6（35℃，50％），0.8（30℃，50％）时相等。因此，在换热面积一定的情况下，为了使净节能量最大，叉流式间接蒸发冷却器的高长比应在 0.4～0.8，而逆流间接蒸发冷却器的高长比应该大于 0.8。

5.4　本章小结

本章详细讨论了在非冷凝、部分冷凝和完全冷凝的状态下影响间接蒸发冷却器性能的因素，包括新风和回风的温湿度、新风和回风风速、板间距、板面润湿率、板长和空气流动方向。模拟结果发现，新风冷凝会提高壁温，降低间接蒸发冷却器的湿球效率。但冷凝过程伴随了除湿的过程，新风和回风之间的总换热量提高。例如，当新风相对湿度从 30％增加到 90％时，湿球效率下降了 22％，但总换热量比无冷凝时大 1.8 倍。新风冷凝易发生在较高的新风湿度、较小的新风风速、较低的回风温度和湿度、较大的回风风速、较小的板间距和较高的壁面润湿率的条件下。冷凝效果越强，湿球效率越低，但扩大系数和总换热量越大。在本章的模拟条件下，扩大系数可达 4.5，意味着潜热换热量占总换热量的 77.8％。研究还发现，对于处于冷凝状态下的间接蒸发冷却器，回风风速的增加、板间距的减小和壁面润湿率的提高对传热传质的强化作用比在无冷凝状态时效果更明显。

为了得到最显著的影响因素，本章用正交试验进行了参数敏感度分析。结果表明板间距和冷却器高度对湿球效率有最为显著的影响。新风湿度对扩大系数具有显著影响。板间距和冷却器高度对综合指数影响最大。综合指数反映了间接蒸发冷却器的总换热量。综合指数的参数影响排序为：$s > H > u_p / u_s > RH_p > t_s > t_p > RH_s$。

基于参数敏感度的分析结果，本章优化了间接蒸发冷却器的三个结构参数：板间距、传热单元数和板面高长比。同时考虑冷却器效率和能耗后发现，当间接蒸发冷却器在热湿地区用于热回收时，最优的板间距是 2～4mm，传热单元数的适宜范围是 3～4。叉流式间接蒸发冷却器的高长比应在 0.4～0.8，而逆流式间接蒸发冷却器的高长比应该大于 0.8。

本章参考文献

［1］　Y. Chen, Y. Luo, and H. Yang. A simplified analytical model for indirect evaporative cooling considering condensation from fresh air: Development and application. Energy and Buildings, 2015, 108（2）: 387-400.

［2］　Y. Chen, H. Yang, and Y. Luo. Indirect evaporative cooler considering condensation from primary air: Model development and parameter analysis. Building and Environment, 2016, 95（1）: 330-345.

［3］　Y. Chen, H. Yang, and Y. Luo. Parameter sensitivity analysis of indirect evaporative cooler（IEC）with condensation from primary air. Cue 2015-Applied Energy Symposium and Summit 2015: Low Carbon Cities and Urban Energy Systems, 2016, 88: 498-504.

［4］　Y. Min, Y. Chen, and H. Yang. Numerical study on indirect evaporative coolers considering condensation: A thorough comparison between cross flow and counter flow. International Journal of Heat and Mass Transfer, 2019, 131（3）: 472-486.

［5］ Y. Chen，H. Yang，and Y. Luo. Experimental study of plate type air cooler performances under four operating modes. Building and Environment，2016，104（8）：296-310.

［6］ D. Meng，J. Lv，Y. Chen，H. Li，and X. Ma. Visualized experimental investigation on cross-flow indirect evaporative cooler with condensation. Applied Thermal Engineering，2018，145（12）：165-173.

［7］ X. Cui，K. Chua，M. Islam，and K. Ng. Performance evaluation of an indirect pre-cooling evaporative heat exchanger operating in hot and humid climate. Energy conversion and management，2015，102：140-150.

［8］ X. C. Guo and T. S. Zhao. A parametric study of an indirect evaporative air cooler. International Communications in Heat and Mass Transfer，1998，25（2）：217-226.

［9］ B. Riangvilaikul and S. Kumar. Numerical study of a novel dew point evaporative cooling system. Energy and Buildings，2010，42（11）：2241-2250.

［10］ S. De Antonellis，C. M. Joppolo，P. Liberati，S. Milani，and F. Romano. Modeling and experimental study of an indirect evaporative cooler. Energy and Buildings，2017，142（5）：147-157.

［11］ Zhao Z，Ren C，Tu M，et al. Experimental investigation on plate type heat exchanger used as indirect evaporative cooler. Journal of refrigeration，2010，31（1）：45-49.

［12］ 张丹，黄翔，吴志湘. 蒸发冷却空调最佳淋水密度的实验研究［D］. 西安：西安工程大学博士学位论文，2006.

第6章 间接蒸发冷却能量回收空调系统

间接蒸发冷却能量回收（ERIEC）技术与空气处理系统联合运行时，空调新风在回收空调房间排风的冷量的同时，通过间接利用水分蒸发吸热产生的潜热能量，可以实现对空调新风减湿降温或等湿降温的空气处理。由于间接蒸发冷却具有不增加甚至减少空调新风含湿量的优点，其适用的气候区域可以扩展至高温潮湿地区。本章对 ERIEC 技术的基本原理、系统组成及其与空调系统的联合运行方式进行介绍。

6.1 ERIEC 空调技术的基本原理

将间接蒸发冷却应用于空调系统中，由建筑室外引入的室外新风作为一次空气，将室内排风作为二次空气，并利用间接蒸发冷却技术对新风进行降温冷却，可以降低空调的新风冷负荷。

间接蒸发冷却换热器是 ERIEC 空调系统的核心设备，本章针对板式间接蒸发冷却换热器进行分析，其换热通道分为干通道与湿通道两个部分，干通道内流动的是空调新风，又称为一次风，湿通道内流动的是空调排风，又称为二次风。因此，干、湿通道又分别称为一次侧通道和二次侧通道[1,2]。间接蒸发冷却器通过间壁将一次空气（被冷却空气）与二次空气（喷淋水侧空气）隔开。在二次空气通道（湿通道）中喷淋循环水，在湿通道壁面形成喷淋水膜，水与二次空气接触进行热湿交换，产生蒸发冷却效果。一次空气通道（干通道）中的空气被冷却，间接蒸发冷却工作原理如图 6-1 所示。通常认为一次空气通道中的冷凝过程为等湿冷却过程，但也会出现减湿冷却过程。

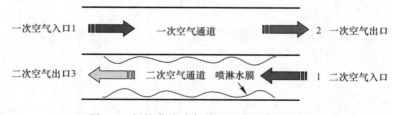

图 6-1 间接蒸发冷却能量回收工作原理图

ERIEC 系统利用排风侧液膜蒸发作用对室外新风进行预冷降焓。通常情况下，建筑室内空调区域温度一般为 22～26℃，相对湿度为 45%～65%。建筑室内排风状态点基本保持稳定不变，其对 ERIEC 系统的影响是一定的。而新风侧空气状态随季节以及地区的不同有着较大的变化范围，其对 ERIEC 系统的影响也随之变化。

关于蒸发冷却技术在干燥环境下的应用，目前已经开展了大量的实验及理论研究，相关技术已经得到了广泛的应用。本书在先前学者研究的基础上，针对间接蒸发冷却系统在非干燥环境下的传热传质过程进行了理论及实验研究，结果表明，ERIEC 系统在非干燥的室外气候状况下，对室外新风仍然具有可观的降温效果。此外，当新风含湿量较高时，新风侧还将会出现凝结过程，使新风含湿量降低，从而降低新风所带来的湿负荷。

对于 ERIEC 系统适用区域，根据间接蒸发冷却换热过程的实验结果，在二次风干球温度为 25℃、相对湿度为 50％，一次风在干球温度为 30℃、相对湿度为 50％时出现凝结，据此时一次风状态点，可依照室外空气温湿度将室外空气划分为四个不同状态，即：高温干燥、高温潮湿、低温干燥、低温潮湿（见表 6-1）。在夏季及过渡季时，室外空气温度小于 30℃时，可认为为"低温"状态；而当室外空气温度达到大于或等于 30℃时，则认定空气为"高温"状态。描述空气湿度状态时，则通过空气相对湿度来表示：当室外空气相对湿度小于 50％，认定空气湿度状态为"干燥"；当空气相对湿度大于或等于 50％，则空气湿度状态为"潮湿"。

室外空气状态表 表 6-1

空气状态	干球温度 t(℃)	相对湿度 φ(％)
高温干燥	≥30	<50
高温潮湿	≥30	≥50
低温干燥	<30	<50
低温潮湿	<30	≥50

建筑室外空气处于不同状态时，间接蒸发冷却换热器内的传热传质过程也会随之改变，以下将分别对新风处于四种不同状态情况下的传热传质过程进行分析：

1. 高温干燥状态下的传热传质过程

将一、二次侧空气在换热器内状态变化过程用焓湿图表示，如图 6-2 所示。一次侧空气的温湿度状态由入口处状态（a 点）沿着等含湿量线向下移动至 b 点，温度下降，相对湿度升高，含湿量保持不变；二次侧干工况运行，二次侧空气则由入口处状态（d 点）沿等湿度线向上移动至 e 点，温度升高，相对湿度降低，含湿量不变。当启动系统喷淋水泵，并在换热达到稳定状态之后，一次侧空气状态则继续沿着等含湿量线向下移动至 c 点，此时 c 点处空气温湿度状态点距湿饱和线较远，换热过程中无凝结产生；二次侧通道内喷淋水处于湿工况状态下，蒸发使得空气温度降低、水蒸气含量增加，同时由于二次侧空气与换热壁面还存在热量交换过程，在换热过程稳定之后，二次侧空气相对湿度则达到接近饱和状态点（f 点）。在间接蒸发冷却系统实际运行过程中喷嘴始终持续喷水，即二次侧空气一直处于直接蒸发冷却状态，空气二次侧空气实际上是由状态点 d 沿 d-f 线逐渐达到饱和状态点 f。

对于传统的板式显热交换器，系统干工况运行，一、二次空气只是发生显热交换，空气中含湿量保持不变，一次空气温度降低幅度受二次空气入口温度的影响。但在空调系统中，一、二次空气入口侧温度相差不大。因此，利用普通的显热交换器对一次空气温度降低的程度有限。在间接蒸发冷却过程中，二次空气侧为直接蒸发过程，使得二次空气温度降低，含湿量增加，同时换热壁面上液膜蒸发过程中吸收汽化潜热，能够明显降低壁面温度。一次空气侧空气与温度较低的换热壁面进行换热，温度降低。在温度未降低至露点温度之前，一次空气中含湿量保持不变，相对湿度增加。

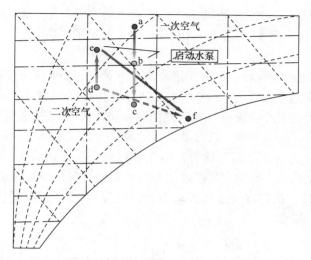

图 6-2　高温干燥环境下传热传质过程

2. 高温潮湿状态下的传热传质过程

在高温潮湿状态下，一、二次空气在焓湿图中的温、湿度状态变化如图 6-3 所示。由于一次侧空气入口状态（a 点）相对湿度较高，与二次侧空气进行换热过程中便能够达到饱和状态并沿着湿饱和线继续向下移动至 b 点，此时一次侧通道换热壁面上将会出现凝结现象。二次侧干工况运行，二次侧空气从 d 点则沿等湿度线向上移动至 e 点，温度升高，相对湿度增大。当喷淋水泵启动后，二次侧处于湿工况下，液膜蒸发使得二次空气与换热壁面温度进一步降低，此时已经达到饱和状态的一次侧空气则沿着湿饱和线继续向下移动，空气温度与含湿量同时降低，且换热壁面上会有大量凝结水产生。在换热到达稳定状态后，一次侧空气温湿度状态（c 点）与二次侧空气状态（f 点）十分接近。

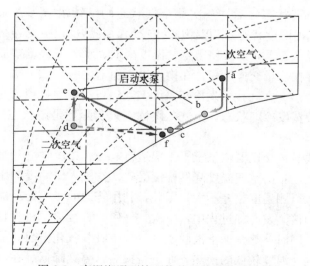

图 6-3　高温潮湿环境下换热器传热传质过程

当一次侧空气温湿度较高时，在二次侧干、湿两种工况运行状态下，一次侧空气换热过程中会出现凝结换热过程。在湿工况运行状态下，二次侧通道内液膜蒸发过程使换热壁面温度明显降低，一次侧空气在与换热壁面进行对流换热过程中，空气温度先等湿降低，在温度降低至入口空气露点温度时，换热壁面出现凝结。高温潮湿状态下一次空气露点温度较高，而壁面温度远低于露点温度值，换热过程使得一次侧空气温度逐渐降低到露点温度以下，产生凝结换热。此时，系统换热过程中产生的潜热换热要远高于干工况运行状态的换热量。

3. 低温干燥状态下的传热传质过程

低温干燥环境下，一、二次侧空气换热过程与高温干燥环境下的换热过程基本一致。换热器在干、湿工况运行状态下均不出现凝结换热，一次侧通道内换热过程只有显热交换。在湿工况运行状态下，系统对一次侧空气的温降效果与高温干燥情况下相同。由于空气温度不高，且相对湿度较低，一次侧空气中所具有的含湿量要低于二次空气，当系统在湿工况下达到稳定状态后，一、二次侧空气温度差别不大，但二次侧空气稳定状态（f 点）含湿量则远高于一次侧空气（c 点），如图 6-4 所示。

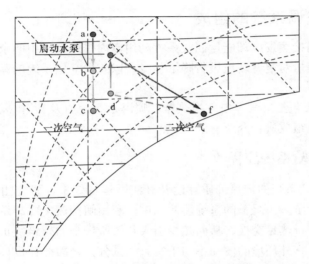

图 6-4　低温干燥环境下换热器传热传质过程

4. 低温潮湿状态下的传热传质过程

在低温潮湿状况下，尽管一次侧空气具有较高的相对湿度，但空气温度较低，与二次侧空气之间的温差不大，且一次侧空气入口状态点（a）对应的露点温度要低于高温潮湿环境。在干工况运行状态下，两股空气换热后，一次侧空气温度下降，相对湿度升高，但仍未达到湿饱和状态，如图 6-5 所示。此时，换热器内仅存在显热传热过程，一次侧通道换热壁面上无凝结液膜产生。当系统运行状态切换至湿工况运行时，一次侧空气首先会由干工况运行到达稳定后的状态点（b 点）沿等湿度线向下，当达到湿饱和状态后再沿湿饱和线继续向下移动至 c 点状态，此时一次侧空气温度降低的同时含湿量也有所降低，一次侧通道内换热壁面上产生了部分凝结液膜。二次侧空气温度降低、湿度增大、焓值升高，其稳定之后的温湿度状态点（f 点）接近与一次侧空气（c 点）。

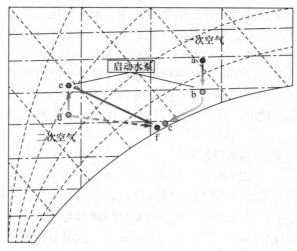

图 6-5　低温潮湿环境下换热器传热传质过程

6.2　ERIEC 空调系统的组成

空调系统中的间接蒸发冷却能量回收系统利用室内排风气流中的余冷以及水分蒸发过程所吸收的巨大潜热量对空调新风进行降焓预冷，以减少空调系统的新风冷负荷，降低空调系统能耗。

ERIEC 系统主要包括空气—空气换热器、喷淋水系统以及新/排风系统等。下面以实验系统为例对该系统组成进行介绍。

6.2.1　ERIEC 实验系统流程

为了研究 ERIEC 系统的传热传质理论及其实际运行效果，研究团队搭建了间接蒸发冷却实验系统并进行了多工况下的系统能效测试。利用间接蒸发冷却系统对建筑空调区域的排风与室外新风进行热量交换，从而减少引入新风所带来的建筑冷负荷。考虑到直接由室外引入新风会由于室外环境的波动不利于实验测试分析，因此在设计实验系统时，将实验系统设置在封闭的空调房间中，换热器一、二次侧入口空气均由室内空调环境取风，经过换热之后的空气也均直接排放至室内，并利用恒温恒湿空调处理机组维持实验房间的温湿度平衡。

实验系统原理图及实物照片分别如图 6-6 及图 6-7 所示。换热器一次侧通道为水平方向，二次侧通道为垂直方向，在二次侧通道出口布置喷嘴，喷洒至二次侧通道内的喷淋水一部分附着在换热壁面上形成喷淋水液膜，另外一部分则下落至系统底部的循环水箱进行循环利用。由于二次侧空气为室内排风，二次侧入口处的空气温、湿度状态与空调房间室内温、湿度状态一致，在实验研究过程中，利用恒温恒湿空调系统将实验房间的室内温湿度设定在实验研究的工况点，并利用风机取风室内空气并送至换热系统。为保证进入换热器内的空气流场均匀，分别在一、二次侧入口风道前端设置静压箱。并在一次侧风道静压箱内安置加湿器，以控制一次侧空气相对湿度的大小，在一、二次侧风道中分别布置有加热器 1、加热器 2，用来将空气温度调节至实验测试工况的设定值。

　　一、二次侧风道静压箱与风机之间设置有热式气体流量计，用于测量一、二次侧空气流量；一、二次侧进出口风道中布置有温湿度变送器，用于测量换热器进出口空气温湿度变化；在喷淋系统的水管路中，设置有转子流量计以及热电偶，分别用于测量喷淋水流量及温度；系统中风机与水泵耗电量通过功率变送器测量得出。实验系统中一、二次侧空气风量和温湿度、喷淋水温度、风机与水泵耗电量均利用数据采集仪进行数据采集。风机送风量的大小利用变频器调节控制，加热器和加湿器分别由温度控制器和湿度控制器调节控制。

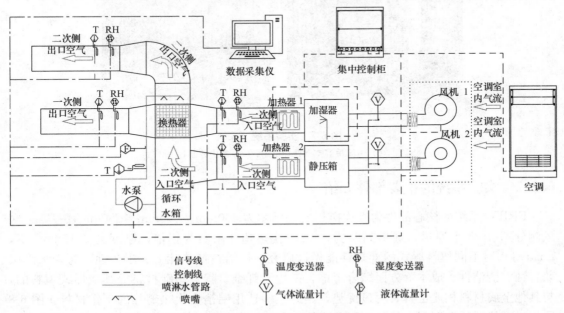

图 6-6　实验系统原理图

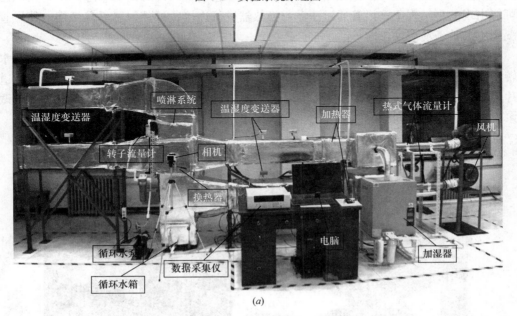

(a)

图 6-7　实验系统（一）

（a）实验系统主体部分

(b)   (c)

图 6-7 实验系统（二）

(b) 恒温恒湿空调处理机组；(c) 集中控制柜

6.2.2 实验系统的主要部件介绍

ERIEC 系统的核心部件为板式换热器，尺寸为 400mm×400mm×250mm，一、二次风侧分别有 25 个通道，通道间距为 5mm，换热翅片材料为铝箔，厚度为 0.15mm。X，Zhao 等[3]对不同填料形式的换热性能做过研究，铝箔在换热能力、耐久性、与亲水涂层兼容性、清洁性、成本等方面综合考虑，是优于纤维、陶瓷和碳材料等其他形式填料的，与其他金属材料相比也具有明显优势，因此实验选用铝箔为换热翅片的制作材料。图 6-8 是板式换热器的模型图，最外侧用透明的亚克力板包裹，以便观察实验过程中一次风道壁面可能出现的凝结现象。风管通过法兰与换热器进行连接，外部包裹保温海绵，使风管内温湿度不会被环境温度影响。

喷淋装置是间接蒸发冷却器中另一个核心部件，它主要包括布水器、水泵、循环水箱和转子流量计，分别如图 6-9～图 6-11 所示。布水器能使换热器内二次侧的 25 个通道的翅片均形成稳定水膜，保证间接蒸发冷却过程充分进行。同时转子流量计的流量变频调节水泵流量，可以为后面探究喷水量对换热效果影响的实验提供便利。

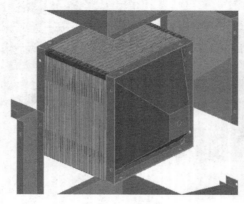
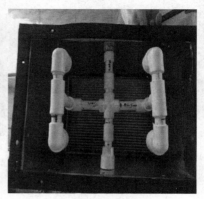

图 6-8 板式换热器   图 6-9 布水器

图 6-10　全自动自吸泵　　　　　　图 6-11　转子流量计

6.2.3　测量与控制装置

1. 温湿度传感器

一次风与二次风的进出口温湿度是重要的测量参数，空气温湿度测量选用的是 E＋E 公司的 EE210 型温湿度变送器，如图 6-12 所示，其相对湿度测量元件为 Sensor HCT01-00D 型，相对湿度测量精度较高：在－15－40℃环境下，相对湿度低于 90％的情况下，测量误差为±1.6％；高于 90％的情况下，测量误差为±2.3％。温度测量元件为 Pt1000，温度精度特性如图 6-13 所示，误差为±0.35℃。

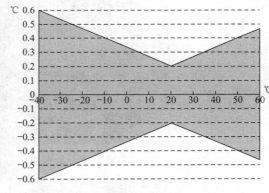

图 6-12　空气温湿度变送器　　　　　图 6-13　温度变送器精度特性图

2. 风量传感器

换热器入口的迎面风速是实验采集的重要参数，然而风管中的气流状态，在软管、静压箱、变径等设备影响下，一般呈现紊流状态。而常用的风速测量设备（如热线风速仪），很难准确地测量风管中的紊流速度。而紊流风量的测量较易实现，以孔板流量计和热式气体质量流量计为代表的管式流量计，都能较准确地获取风量值。以风量除以换热器入口截面积即可得到风速值。考虑到孔板流量计压损大、管段长，本实验选用了图 6-14 所示的热式气体质量流量计，误差为±1.5％。

3. 功率传感器

间接蒸发冷却系统中的耗能设备是风机与水泵，统计其耗电量十分重要，关乎整个系统 COP 计算和节能性评价。实验系统为一、二次风机分别配备了三相三线有功功率变送器，为水泵配备了单相交流有功功率变送器，误差均为±0.5％，如图 6-15 所示。

图 6-14　热式气体质量流量计　　　　　图 6-15　功率变送器

4. 温湿度控制

为了模拟高温高湿地区全年的室外气象条件，需要精度较高的加热器与加湿器，为此选用了复合 PID 控制器（见图 6-16）的 PTC 加热器（见图 6-17）和电热式加湿器（见图 6-18），两者配合使用可得到需要的工况，且波动较小，温度振幅小于 0.2℃，相对湿度振幅小于 3％。为保证一、二次风道中的空气被充分加湿、加热，在风管前段设置了静压箱（见图 6-19）。

图 6-16　PID 控制器　　　　　图 6-17　PTC 加热器

图 6-18　电热式加湿器　　　　　图 6-19　静压箱

5. 一、二次风量变频调节控制

实验中一次风系统与二次风系统的动力输送装置均采用离心式通风机,风量大小可由变频器进行调节,如图 6-20 和图 6-21 所示。

图 6-20　离心式风机　　　　　　　　图 6-21　变频器

6. 数据采集装置

为完成数据采集、分析与存储,本实验系统选择的是安捷伦 34980A 数据采集仪(见图 6-22)与研华工控机(见图 6-23)。该数据采集仪既可以采集电流信号,也可以采集电压信号,为各种传感器的选择提供了便利,工控机能适应温湿度跨度大的工作环境,且长期运行比较稳定。

图 6-22　数据采集仪　　　　　　　　图 6-23　工控机

实验系统中所采用的主要设备、控制器、传感器的规格型号、技术参数等如表 6-2 所示。

主要设备、仪器仪表技术参数　　　　　　　　　　表 6-2

设备	规格型号	技术参数
恒温恒湿机	申菱 HF12N	制冷量 12.6kW,风量 3000m³/h,加湿量 5kg/h
叉流板式换热器	—	通道 25 个,0.15mm 铝箔,尺寸 400mm×400mm×250mm
布水器	—	含 4 个喷头
全自动自吸泵	臣源 CYM80-560A	额定功率 560W,扬程 40m,最大流量 24m³/h
转子流量计	ZYIA	量程 7.6L/min,精度 4%
PTC 加热器	—	一次风侧 5kW,二次风侧 1kW
PID 控制器	FUJI-PXR9NCY 1-8W000-C	

续表

设备	规格型号	技术参数
电热式加湿器	GianSteam-20	额定加湿量 20kg/h
风机	宏科 Y5-47	离心式，额定风量 1100m³/h
变频器	SIEMENS-6SE6 440-2UD21-5AA1	—
数据采集仪	Agilent-34980A	—
工控机	研华科技 610L	—
温湿度变送器	EE210	$RH \leqslant 90\%$，精度 1.6%；$RH > 90\%$，精度 2.3%；温度误差 $< 0.35℃$
热式气体质量流量计	斯密特 SFM800-100	流量范围 0.05～80m/s，额定压力 1.6MPa，精度 1.5%
功率变送器	PAS-JP3-C56 PAS-JP1-C52	反应时间 $\leqslant 300ms$，精度 0.5%

6.2.4 实验系统控制原理

实验平台控制系统有两层架构，即监测与控制端和设备端。其中监测与控制端主要由工控机和 RIEC 控制柜组成，工控机通过 A/D 转换采集实验平台工况信息，指导 RIEC 控制柜对平台设备及时调控，保证各设备的可靠运行，以满足工况要求；设备端主要包括各种传感器、电动阀、风机变频器等，可实时采集实验台工况数据，并根据反馈及时调节。实验平台系统运行参数的采集、控制结构如图 6-24 所示。

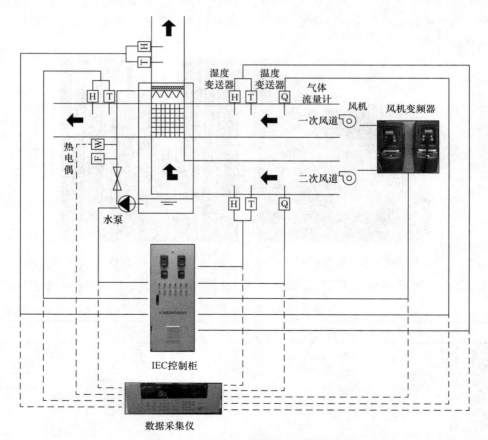

图 6-24 实验平台运行参数的采集、控制结构

由图 6-24 可知，ERIEC 实验系统平台以数据采集仪和 RIEC 控制柜为核心，数据采集仪通过采集温湿度变送器、气体流量计等各种传感器传递的数据，通过 A/D 转换得到所需参数，辅以图像处理插件可直观地得到通道中温湿度的变化情况。根据图像反馈的信息，利用 RIEC 控制柜对变频器、水泵等进行控制，实现各参数的及时调节。实验平台的建立可以充分模拟各气候区的气候特征，测试多组风量和温湿度状态下的能量回收效果。其中一次风入口温湿度控制框图如图 6-25 所示。

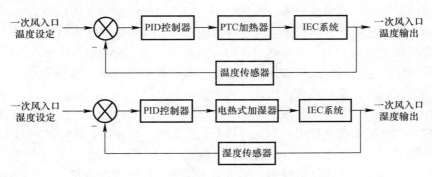

图 6-25 一次风入口温湿度控制框图

针对该实验系统，由玉文等[4]申请了"一种间接蒸发冷却能量回收监控系统"实用新型专利，监控装置包括室内环境监测装置、一次风温湿度监测装置、二次风风温湿度监测装置、流量监测装置、风压监测装置、控制单元、温度控制装置、湿度控制装置、风机变频控制装置。通过对一次风、二次风风压、流量进行监测的同时，对一次风、二次风的温度、湿度进行精准控制，来模拟不同气候区的空气状态参数，取得最佳的实验数据、达到最佳的实验效果。

6.3 间接蒸发冷却回收与空调系统

6.3.1 空调系统的分类

空气调节系统一般由空气处理设备、空气输送管道和空气分配末端装置组成。在工程应用上综合考虑建筑的空间结构、使用功能、使用要求和空调热湿负荷特点以及空调机房的面积和位置等因素，确定空调方案。传统的空调系统通常按照如下方式分类[5]：

1. 根据空气处理设备的设置情况分类

（1）集中式空调系统

集中式空调系统中的所有空气处理设备（包括冷却器、加热器、加湿器、过滤器、风机等）都设置在一个集中的空调机房内。

（2）半集中式空调系统

除了集中的空调机房外，半集中式空调系统还设有分散在空调房间内的末端空气调节装置，一般采用风机盘管，它的主要功能是对空调房间内的空气进行热湿处理，并可以对来自空调机房的空气进行进一步的补充处理。

（3）全分散系统

全分散空调系统的空调装置把冷、热源和空气处理、输送设备（风机）集中设置在一个箱体内，一台空调机组只负责一个或几个空调房间，不设置集中的空调机房，根据需要灵活组合和布置空调装置。

2. 根据负担室内负荷所用的介质种类分类

（1）全空气系统

空调房间的室内热湿负荷全部由经过空调处理机组处理的空气来负担的空调系统。在室内热湿负荷为正值的场合，低于室内空气焓值和含湿量的空气送入空调房间，吸收室内的余热余湿后排出房间。当室内的热湿负荷为负值时，高于室内空气焓值和含湿量的空气送入空调房间，对室内的空气加热加湿后排出房间。由于空气的比热较小，实现空气处理过程需要的空气量大、空调风管占用的空间大。

（2）全水系统

空调房间的热湿负荷全部由水作为冷热介质来负担，在夏季，可以实现对空调房间的降温减湿处理过程，在冬季，可以进行加热处理过程。水的比热大，实现空气处理过程需要的水量小、空调水管占用的空间小。但是由于仅依靠水作为冷热媒，不能解决冬季的加湿处理过程和空调房间的通风换气问题，通常用在对室内空气没有卫生要求的场合。

（3）空气—水系统

顾名思义，空气—水系统是以空气和水同时作为空调房间的空气处理介质。结合了水系统需要的冷热介质量小、占用空间小和空气系统解决室内通风换气问题、满足卫生要求的优点，被广泛应用。

空气—水系统常用的系统形式是风机盘管加独立新风系统，其中根据空调排风能量是否进行回收，新风机组又可以分为新风机组、排风显热热回收机组、排风全热热回收机组。排风显热热回收常用板式显热热回收机组，排风全热热回收常用转轮式全热热回收机组。

（4）冷剂系统

将制冷系统与空气处理系统合二为一，将制冷系统的蒸发器直接放在空调房间内，对室内空气进行热湿处理，冷热介质由制冷剂来承担，通常为分散式的空调系统。

该系统也可以与新风机组结合，实现对空调房间的通风换气。

3. 根据集中式空调系统的空气来源分类

（1）封闭式系统

该系统处理的空气全部来自于空调房间，没有室外空气补充，是对室内空气的循环处理和利用，因此在房间和空调处理设备之间形成了一个封闭环路。封闭式系统用于密闭空间且无法或者不需要室外新鲜空气的场合，通常用于无人或者人短暂停留的空间。由于没有新风负荷，该系统的冷热负荷小，节能。

（2）直流式系统

直流式系统是与封闭式系统截然相反的一种空调系统形式，处理的空气全部来自于室外新鲜空气，经过空调机组热湿处理后送入空调房间，吸收室内的余热余湿后再全部排到室外。该系统适用于室内的热湿负荷较大，没有回收利用价值，或者室内空气被烟尘或者有毒有害气体污染无法回收利用的场合。由于处理的空气全部来自于室外，系统的空调负荷大，能耗高。

（3）混合式系统

混合式系统处理的空气由室内循环利用的空调回风和室外新鲜空气两部分组成，为了维持空调房间的微正压环境，需要排出略低于引入的室外新鲜空气量的室内空气，即系统排风。为了节能的需要，且为了减少运行费用，可根据室外空气温湿度状态的变化，调整空调系统回风和新风的比例，在过渡季节，当新风温湿度适宜的时候，采用全新风运行，该工况下即为直流式系统状态。该系统是应用最广泛的一种空调形式，既满足了室内通风换气的卫生要求，又具有节能的优势。

混合式系统又可以分为一次回风系统和二次回风系统。

6.3.2　ERIEC 空调系统的分类

根据建筑物使用功能的不同，可将 ERIEC 与空调系统相结合，应用在不同形式的空调系统中。

1. ERIEC 与空气—水系统

ERIEC 与空气—水系统相结合，用于半集中式空调系统中，将这种机组称为"间接蒸发冷却能量回收新风机组"。ERIEC 机组则可以实现空气—水系统中新风机组以及排风热回收机组的功能，将新鲜的室外空气送入室内，满足空调房间通风换气的卫生要求。间接蒸发冷却回收空调系统将空调房间的排风集中回收利用，这一点与直流式的新风系统经门窗缝隙等正压渗漏有所不同。在间接蒸发冷却回收机组内，新风与排风进行热交换，吸收空调房间排风的冷量，同时对空调排风通道用水喷淋，水蒸发吸热，使得换热器壁面和排风温度降低，将冷量传递给新风，被充分吸收冷量后接近湿饱和状态的排风排到室外。

根据室外气象参数和对新风送风状态点要求的不同，间接蒸发冷却器既可以作为独立的新风处理机组使用，也可以作为 ERIEC 机组中新风的预冷装置，表冷器则对新风进一步补充冷却，共同作用完成新风的热湿处理功能。

郭春梅等[6]申请了可用于全年空调新风处理的"一种间接蒸发冷却能量回收空调新风系统"专利，在供冷季节，利用水的蒸发吸热对排风进一步冷却，新风与被蒸发冷却的排风进行热交换，被预冷减湿；在供热季节，新风与空调排风进行热交换，被预热；在极端条件下，当预冷减湿和预热功能不能满足空调新风送风状态点要求时，可通过系统中的表冷（加热）段和加湿功能段，实现对新风的再冷却、再加热加湿处理；过渡季节可以在新风处理设备都关闭的情况下进行全新风送风。图 6-26 为 ERIEC 系统新风机组示意图，系统包括间接蒸发冷却换热器、风管网连接的新风系统和排风系统，以及水管网连接的布水系统。间接蒸发冷却换热器包括换热器壳体、互相间隔的众多新风和排风换热通道。新风系统包括新风进风口、新风风机、新风再处理装置、新风送风口，所述的排风系统包括排风出口、排风风机、挡水板、排风入口以及旁通风管和风管插板换向阀，布水系统包括循环水箱、循环水泵、循环水补水管、循环水排水管、喷淋水嘴以及冬季用来对新风加湿的喷淋室。

新风系统工作流程如下：

在夏季室外空气首先由新风进风口（27）和新风过滤器（28）经由新风风机（29）吸入新风风管，新风过滤器（28）可以防止新风中的大粒径物体进入新风系统。进一步的新风经由新风管道进入间接蒸发冷却换热器（2）的新风通道，由于新风通道的壁面另一侧

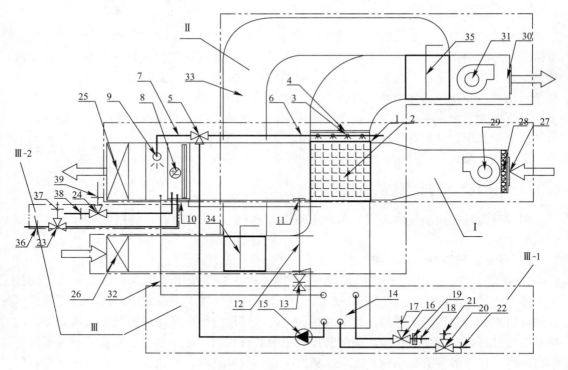

图 6-26　间接蒸发冷却能量回收新机组示意图

1—换热器壳体；2—间接蒸发冷却换热器；3—喷淋水嘴；4—挡水板；5—三通阀；6—喷淋水管；7—喷淋室水管；
8—表冷（加热）器；9—喷淋室；10—表冷器冷凝水盘；11—间接蒸发冷却换热器冷凝水盘；12—凝结水管；
13—截止阀；14—循环水箱；15—循环水泵；16—三通阀；17—冬季补水管；18—夏季补水管；19—自来水过滤器；
20—三通阀；21—冬季回水管；22—夏季排水管；23—表冷器回水管；24—表冷器供水管；25—新风送风口；
26—排风入口；27—新风进风口；28—新风过滤罩；29—新风风机；30—排风出口；31—排风风机；
32—喷淋室回水管；33—旁通风管；34—风管插板换向阀；35—风管插板换向阀；36—冷水回水管；
37—热水回水管；38—冷水供水管；39—热水供水管

Ⅰ—新风系统；Ⅱ—排风系统；Ⅲ-1—循环水箱布水环路；Ⅲ-2—表冷器循环布水环路

是排风通道，新风在外掠新风壁面的同时发生对流换热过程，新风温度降低而湿度保持不变。另一方面，如果新风被冷却到其露点温度以下，新风中的水分会有一部分析出，此时随着换热的进行凝结水会在新风通道中积聚。但由于风速的作用凝结水会在间接蒸发冷却换热器新风通道出口的下面汇集在凝结水盘（11）中，安装过程中适当地将间接蒸发冷却换热器使新风入口到新风出口方向倾斜，这样更有利于新风壁面上产生的凝结水排出通道，也就有利于换热的进行。进一步的，经过预冷甚至是预冷除湿的新风如果可以达到送风状态点的要求就可以经由送风管道通过布置的新风送风口（25）送入空调房间。如果此时的新风不能达到送风状态点的要求，就利用新风再处理装置中的表冷器（8）冷却除湿到送风状态点后再从新风送风口（25）送入室内。值得注意的是，同等温度工况下间接蒸发冷却器中的新风壁面不发生冷凝时温降会比发生冷凝时的温降大，但是发生冷凝时的焓降要大于不发生冷凝的。因此在高湿度地区间接蒸发冷却器的新风效果要优于低湿度地区。夏季间接蒸发冷却器（2）产生的凝结水和表冷器（8）产生的凝结水从凝结水盘（10、11）经由凝结水管（12）排到循环水箱（14）中，此时凝结水管（12）上的截止阀

（13）处于开启状态。

在冬季，新风由新风风机（29）把室外新风经由新风进风口（27）和新风过滤器（28）吸入新风风管，再通过间接蒸发冷却换热器（2）进行排风热回收，然后再经过加热器（8）和加湿器（9）进行加热加湿处理，达到送风要求后，经由新风送风口（25）送入室内。此时的间接蒸发冷却换热器就相当于普通的显热回收器。

排风系统工作流程如下：

在夏季，室内空气在排风风机（31）工作的情况下由排风入口（26）吸入排风风管，然后通过间接蒸发冷却器（2）进行换热，进而通过排风风机（31）由排风出口（30）排至室外。由于间接蒸发冷却换热器（2）排风通道中喷淋水的存在，喷淋水在排风的流动过程中蒸发吸热，进一步通过壁面向新风通道中的空气进行换热。因此排风的温度降低，进一步的通过排风壁面同新风通道中的空气进行换热，喷淋水的存在使换热效果加强。

在冬季，间接蒸发冷却换热器（2）就是普通的热回收器，室内空气在排风风机工作的情况下，依次经过排风入口（26）、间接蒸发冷却换热器（2）、排风风机（31）、排风出口（30）排至室外，在间接蒸发冷却换热器（2）中发生对流换热过程。

在过渡季，除新风风机（29）和排风风机（31）外的所有设备都不需要开启，调节风管插板换向阀（34、35）使室内排风不经过间接蒸发冷却换热器（2），通过旁通管直接排到室外，此时新风和排风没有换热并且还能够使排风侧阻力降低。

布水系统工作流程如下：

在夏季，补水管路上的三通阀（16）与自来水管（18）方向处于开启状态，补水过程中过滤器（19）处于工作状态。循环水箱（14）中的水经由循环水泵（15）加压，三通阀（5）在喷淋水管（6）方向上处于开启状态，从喷淋水嘴（3）喷出，使排风通道中的空气在间接蒸发冷却器（2）中达到蒸发冷却效果。喷淋水会受到挡水板（4）的遮挡，没有蒸发的喷淋水会在重力作用下落入循环水箱（14），进行往复的循环过程。循环水箱在需要排水的情况下，三通阀门（20）在排水管（22）方向上处于开启状态。在三通阀门（24）的控制下冷媒进入表冷器（8），然后在三通阀门（23）的控制下回到制冷机组中，进行往复循环。

在冬季，热水供水管（17）通过三通阀门（16）与循环水箱（14）联通，热水经由循环水泵（15）加压，三通阀（5）在喷淋室水管（7）方向上处于开启状态，在喷淋室（9）中对冬季干燥的空气进行加湿处理。在三通阀门（24）的控制下热媒进入加热器（8），然后在三通阀门（23）的控制下回到供热机组中进行往复循环。喷淋室（9）中的部分落水经由喷淋室回水管路（32）流入循环水箱（14）进行循环使用。冬季循环水箱（14）中的水需要保持一定温度，所以三通阀门（20）在回水管（21）方向上会处于开启状态或间歇式开启状态。

过渡季时布水系统处于不工作状态，空调排风不经过热回收器与新风换热，直接排放。

2. ERIEC 与冷剂系统

间接蒸发冷却热回收与冷剂系统相结合，其工作原理与间接蒸发冷却能量回收与空气—水系统的结合是完全相同的，这里不再赘述。

3. ERIEC 与全空气系统

间接蒸发冷却回收与全空气系统相结合，可以分为直流式系统和混合式系统两种类型。根据室外气象参数和对新风送风状态点要求的不同，间接蒸发冷却热回收器可以作为全新风空气处理机组来使用，也可以作为全空气空调机组（AHU）的新风预冷机组来使用。

（1）直流式 ERIEC 空调系统

直流式 ERIEC 空调系统采用全新风的运行模式，适用于室内空气的热湿负荷较大、没有回收利用价值，或者室内空气被烟尘、异味或者有毒有害气体污染无法回收利用的场合。陈奕等[7]申请了"一种间接蒸发冷却全热回收复合空调系统"专利，该系统针对生鲜超市等不能采用空调回风的场合，采用直流式系统。系统由间接蒸发冷却器、空调空气处理机、空气输送分配系统以及喷淋水系统组成，系统的工作流程如图 6-27 所示。

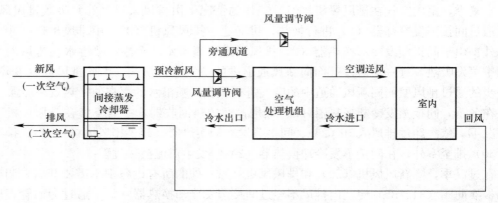

图 6-27　直流式 EREIC 空调系统工作原理图

虽然直流式系统在全空气空调系统中能耗高，使用量少，但它是直接蒸发冷却系统最常用的形式。相比于传统的板式热回收和转轮热回收机组，在间接蒸发冷却空调系统中，由于喷淋水的间接蒸发冷却，可以将新风温度降得更低，在壁面温度低于新风的露点温度时还可以减少新风的含湿量。此外，经间接蒸发冷却器处理的空气量大，因而直流式系统的节能效果和经济效益更为显著。

根据室外空气的状态参数变化和室内热舒适性要求的不同，该系统有两种运行模式。

运行模式 1：在空调季节，在间接蒸发冷却器内，新风与空调排风进行显热交换和间接蒸发冷却处理，送入空气处理机组，被空调冷水进一步降温减湿处理后，达到空调送风状态点要求，送入空调房间，如图 6-28 所示。

运行模式 2：在过渡季节，当室外空气的温湿度较低，建筑的热湿负荷较少，或者室内热舒适性要求不高时，新风经过间接蒸发冷却器后的状态点能够满足送风要求，则新风不经过空气处理机组，由间接蒸发冷却器承担全部空调负荷，可以采用模式 2 运行，如图 6-29 所示。

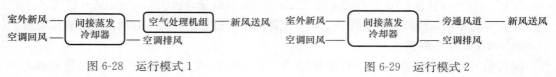

图 6-28　运行模式 1　　　　　　　　　　　图 6-29　运行模式 2

（2）一次回风 ERIEC 空调系统

一次回风空气处理机组是混合式全空气空调系统最为常见的形式，也是 ERIEC 空调系统的常用形式之一。在间接蒸发冷却器内，空调新风与经过喷淋水直接蒸发冷却的空调排风进行热交换，新风被预冷后，进入空气处理机组，与空调一次回风混合，被空调冷水进一步冷却降温，达到空调送风状态点，经风机送入空调房间。图 6-30 为系统工作原理图。

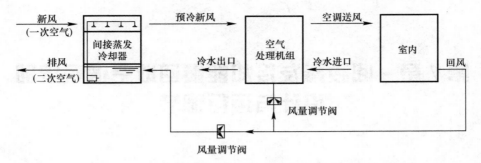

图 6-30　一次回风间接蒸发冷却能量回收空调系统工作原理图

本章参考文献

［1］　［美］瓦特（Walt）．蒸发冷却空调技术手册［M］．黄翔等译．北京：机械工业出版社，2008．

［2］　黄翔．蒸发冷却空调理论与应用［M］．北京：中国建筑工业出版社，2010．

［3］　X. Zhao, Shuli Liu, S. B. Riffat. Comparative study of heat and mass exchanging materals for in-direct evaporative cooling systems［J］. Building and Environment，2008，43：1902-1911.

［4］　由玉文，王劲松，郭春梅，程保华．一种间接蒸发冷却能量回收监控系统．中国，ZL 201720404374.9［P］，2017-11-24.

［5］　赵荣义主编，空气调节［M］．北京：中国建筑工业出版社，2009．

［6］　郭春梅，陈通．一种间接蒸发冷却能量回收空调新风系统．中国，201821335132X［P］，2018-8-20.

［7］　杨洪兴，陈奕．一种间接蒸发冷却全热回收复合空调系统．1708177HK01［P］．

第 7 章 间接蒸发冷却能量回收空调系统的设计与运行调节

7.1 室外气象参数与间接蒸发冷却空调系统设计

关于蒸发冷却空调系统设计的室外气象参数的选择，文献［1］认为：蒸发冷却是利用不饱和空气的干湿球温度差来获得能量的一种冷却方式，对空气进行等湿冷却或等焓冷却，空气的干湿球温度对直接蒸发冷却系统的湿球效率影响极大，因此，蒸发冷却空气调节的夏季室外计算参数应采取干球温度与湿球温度同时刻对应的、切实存在的参数，对于空调室外设计参数应采用以湿球温度为统计基准、干球温度同时刻对应原则另行统计。而现行国家标准《民用建筑供暖通风与空气调节设计规范》GB 50736 中对于夏季空气调节室外计算干球温度和湿球温度，分别采用历年平均不保证 50h 的干球温度和湿球温度，夏季空气调节室外设计干、湿球温度是分别统计出来的，两者不是同时对应的，设计状态点是两者分别计算然后合并在一起作为室外设计参数。因此文献［1］以《中国建筑热环境分析专用气象数据集》[2]（2005 年版）中典型年逐时气象参数为基础，以全年不保证 50h 的湿球温度与所对应的平均干球温度为蒸发冷却空调系统室外空气计算参数，统计得到了全国 31 个主要城市蒸发冷却空调室外空气计算参数和蒸发冷却通风室外空气计算参数。

尽管文献［1］中提出，所统计的蒸发冷却空调室外计算气象参数既适用于直接蒸发冷却又适用于间接蒸发冷却，然而，笔者分析认为，其理论基础还是适用于直接蒸法冷却空调系统的设计，在应用于间接蒸发冷却空调系统时存在不适当之处。本书所述的 ERIEC 空调系统不同于直接蒸发冷却技术，空调新风与喷淋水通过换热器壁面进行的间接蒸发冷却过程，传热的驱动力不再是空调新风的干湿球温度差，而是空调排风的干湿球温度差，并且空调排风的状态点是基本稳定的夏季空调室内设计参数，因此系统设计方法与室外气象参数的选择与直接蒸发冷却系统必将不同。同时，新风的干湿球温度对间接蒸发冷却器的换热效率影响极大，在空调季内，随着室外气象参数的变化，空调负荷发生变化，间接蒸发冷却器换热效率也发生变化，对于 ERIEC 系统全年的能效和全年工况运行调节必将产生影响。

建筑热模拟技术的产生，使得人们可以比较准确地预测空调负荷并依此调节空调系统的运行工况，使得室内热环境始终保持在热舒适区域。进行建筑热模拟，除了要掌握建筑物的热性能、内部的热量以及水蒸气的运行工况之外，作为系统的边界条件——室外气象参数也是至关重要的[3]。

因此，本节对间接蒸发能量回收空调系统室外设计气象参数及典型年气象参数的构成及其取值过程加以介绍。

7.1.1　典型年气象数据

1971 年，日本空气调和卫生工学会为了配合 HASP/ACLD-7101 的空调动态负荷计算程序，组成了"标准气象数据委员会"，负责该软件用气象数据的开发研究[4]。该委员会提出了三种气象数据：第一种气象数据是"代表年"气象数据，即将空调负荷接近平均值的那一年数据作为代表年气象数据；第二种气象数据是"平均年"气象数据，即将空调负荷接近 12 个月的实测数据人为地平滑连接起来，做成 8760h 的气象数据；第三种气象数据是"极端季"，即找出特别冷的冬季和特别热的夏季，为空调设计工程师提供参考。实际被普遍采用的气象数据是平均年气象数据，又称为标准年气象数据，成为日本建筑热模拟技术应用中必不可少的工具。标准年气象数据包括 12 个标准月的实测数据。标准月是通过空调负荷计算，将最接近平均负荷的月份作为标准月，相邻月份间的平滑连接是通过上个月的最后一天和下一个月的最初一天的平滑连接处理来实现的。

1978 年，美国国家可再生能源实验室（National Renewable Energy Laboratory），依据 1952～1975 年气象观测数据，发表了 26 个地区的典型气象年数据（Typical Meteorological Year，TMY)[5]。1994 年，依据 1961～1990 年的气象观测数据，完成了 TMY2。TMY 的基本思想与日本的标准气象年数据类似，也是由 12 个标准月的观测数据连接而成的，不同之处在于采用的观测数据时间较长，同时，在标准月的选择方法上也有所不同。TMY 的标准月不是通过空调负荷计算来选择的，而是将各气象要素的月平均值乘以加权系数然后相加，最后通过 FS Statistic 来确定。美国国家可再生能源实验室与日本空气调和卫生工学会采用不同的方法来选择标准月是因为两者的着眼点略有不同：前者偏重于太阳能利用，后者偏重于建筑物热模拟。

可见，典型气象年是由一系列逐小时的太阳辐射等气象数据组成的一年数据，具有代表性的气候状况。一个典型气象年应具备以下特征及评估标准[6]：

（1）典型气象年的温度、风速与太阳辐射等气象数据发生频率分布与过去多年的长期分布相似；

（2）典型气象年的气象参数与过去多年的参数具有相似的日参数标准连续性；

（3）典型气象年的气象参数与过去多年的参数具有不同参数间的关联相似性。

文献［7］中典型气象月的选择使用无量纲参数 Finkelstein-Schafer（FS）进行统计，采用分布概率函数（Probability Distribution Function，PDF）方法来比较进行。对于不同的能源系统，计算选择典型代表月时，考虑的逐时气象参数不同，而对于同一参数，其加权因子也会根据系统特性的不同而改变。考虑到气象数据的分布，具有最小加权和（WS）的月份即为典型气象月，具体计算方法如下：

$$FS_j(y,m) = \frac{1}{N}\sum_{i=1}^{N}|PDF_{y,m}(X_j(i)) - PDF_m(X_j(i))| \qquad (7\text{-}1)$$

$$WS(y,m) = \frac{1}{M}\sum_{j=1}^{M}(WF_j \times FS_j) \ \text{其中}, \sum_{j=1}^{M}WF_j = 1 \qquad (7\text{-}2)$$

式中　$FS_j(y, m)$——第 j 个气象参数值域在 $X(i)$ 范围的 $FS(y, m)$ 统计值（y 为研究对象年，而 m 为研究对象年中的月份）；

$PDF_{y,m}(X_j(i))$——第 j 个气象参数值域在 $X(i)$ 范围的 PDF 值；

$PDF_m(X_j(i))$——对于月份 m，第 j 个气象参数长期统计值域在 $X(i)$ 范围的 PDF 值；

N——参数值选取个数，取决于参数的始点值，终点值和步距；

M——逐时气象参数选取的个数；

$WS(y, m)$——y 年 m 月的平均加权和；

WF_j——第 j 气象参数的加权因子。

不同文献中使用了不同的加权因子值。在实际应用中，在不同用途的建筑系统性能及特性研究与应用中，选择合适的气象参数及其加权因子对于典型气象月与典型气象年的选择是非常重要和必要的。

目前国内广泛采用《中国建筑热环境分析专用气象数据集》，该数据集由中国气象局气象信息中心气象资料室收集的 270 个地面气象台站 1971～2003 年的实测气象数据组成。其中国家基准气候站 134 个，观测数据是逐时记录的；国家基本气候站 136 个，观测数据按一日 4 次（北京时间 02：00，08：00，14：00，20：00）记录的。基准气象参数及其权重如表 7-1 所示。其中选择水汽压作为表征空气湿度的基准参数，是基于考虑到湿球温度与干球温度的相关性太强，源数据中包含相对湿度的较多数据，则由相对湿度和干球温度获得水汽压数值。其中水汽压所占的权重为 2/16.

基准气象参数及其权重

表 7-1

参数	权重	参数	权重
日平均温度	2/16	日总辐射	8/16
日最低温度	1/16	日平均地表温度	1/16
日最高温度	1/16	日平均风速	1/16
日平均水汽压	2/16	—	—

设计用室外气象参数的整理以《民用建筑供暖通风与空气调节设计规范》GB 50736—2012）中的条文和《空气调节设计手册》中的统计方法为依据。动态模拟分析用的逐时气象参数则根据台站观测资料的具体情况采取不同的方法获得。一日四次观测的台站以定时观测数据、日总量数据和日极值数据为基本依据，通过插值计算获得逐时观测数据。具备逐时观测数据的台站则以充分利用逐时观测数据为原则，只对该台站没有逐时观测数据的年份进行插值计算。

表征空气湿度的逐日源数据包括一日 4 次定时相对湿度和日最小相对湿度。单凭相对湿度的逐日源数据不能直接得到水汽压的逐时值，因此通过间接的方法对其进行逐时计算，计算的方法是：

（1）以一日 4 次定时相对湿度和日最小相对湿度为依据计算逐时相对湿度；

（2）利用已计算出的逐时温度计算逐时饱和水汽压；

（3）通过逐时相对湿度和逐时饱和水汽压计算逐时水汽压。

由于日最小相对湿度的观测手段存在差异，且最小相对湿度较难测准，源数据中的日最小相对湿度的参考价值不大，因此《中国建筑热环境分析专用气象数据集》在插值计算逐时相对湿度时，只考虑保证 4 次定时的相对湿度与源数据一致。

7.1.2 不保证率气象数据

所谓不保证率气象数据是指在历年发生的室外温、湿度参数中，为了避免空调或供暖设备容量过大而导致的初投资和运行费用增加，在某些室外气象参数条件下空调或供暖系统不予保证室内热环境舒适性要求的时间百分率。《民用建筑供暖通风与空气调节设计规范》GB 50736—2012（简称《规范》）与《中国建筑热环境分析专用气象数据集》（简称《数据集》）关于夏季空调和通风室外设计参数的选取一致，如表7-2所示。

夏季空调、通风设计室外计算气象参数   表7-2

参数	《规范》	《数据集》
夏季空调室外计算干球温度	采用历年平均不保证50h的干球温度	采用累年平均不保证50h/a的干球温度
夏季空调室外计算湿球温度	采用历年平均不保证50h的湿球温度	采用累年平均不保证50h/a的湿球温度
夏季通风室外计算干球温度	采用历年最热月14：00的月平均温度的平均值	采用历年最热月14：00的月平均温度的平均值
夏季通风室外计算相对湿度	采用历年最热月14：00的月平均相对湿度的平均值	采用历年最热月14：00的月平均相对湿度的平均值

在高温高湿地区，ERIEC系统的主要功能是作为空调新风的预冷装置，是传统空调制冷设备的辅助装置。为了保证其设计与空调制冷系统的一致性，室外设计气象参数应保持一致。因此，本书关于ERIEC系统的设计和全年能耗特性的模拟，依据《规范》与《数据集》的室外设计气象参数和典型年气象数据来展开。

7.2 ERIEC空调系统设计

7.2.1 空调负荷计算

1. 空调设计参数

ERIEC空调系统的室内外设计参数选取按照《民用建筑供暖通风与空气调节设计规范》GB 50736—2012的规定，依照附录A选取建筑所在地的室外设计干球温度 t_w、湿球温度 t_{ws}；根据第3.0.3条、第3.0.4条的规定，根据建筑功能和对室内热环境的舒适性要求，确定空调室内设计温度 t_n、相对湿度 φ_n；在焓湿图上确定 t_w、t_{ws} 和 t_n、φ_n 确定新风状态点 W 和室内状态点 N，及其焓值 h_w、h_n。

2. 建筑冷负荷

根据《空气调节设计手册》中的空调动态冷负荷计算方法和步骤，分别计算由围护结构传热得热、透明围护结构太阳辐射得热和室内设备、人员、照明等内部热源散热形成的空调逐时冷负荷，各项冷负荷逐时求和，选择最大冷负荷值 Q。

3. 空调湿负荷

计算室内人员、湿表面以及食物等的散湿量，得到总湿负荷 W。

4. 热湿比

根据式（7-3）计算室内热湿比 ε：

$$\varepsilon = Q/W \tag{7-3}$$

式中　Q——建筑设计冷负荷，kW；

　　　W——建筑湿负荷，kg/s。

5. 新风量

根据《民用建筑供暖通风与空气调节设计规范》GB 50736—2012 第 3.0.6 条，民用建筑室内人员对新风量的卫生要求、空调房间的正压要求以及工艺要求，计算空调系统新风量 G_w。

7.2.2　空调送风量的计算

在高温高湿地区，空调室外设计状态点的焓值 h_w、含湿量 d_w 均大于室内状态点，据实验测试及理论计算结果，在此状态下间接蒸发冷却器新风通道内凝结换热，即新风在间接蒸发冷却器内的空气处理过程为降温减湿过程。

按照间接蒸发冷却器与空调系统的三种结合方式，即：直流式 ERIEC 全空气空调系统、一次回风 ERIEC 全空气空调系统、ERIEC 新风机组＋风机盘管系统，分别说明其空气处理过程与风量的计算。

1. 直流式 ERIEC 全空气空调系统

该系统为全新风系统，空气处理过程由间接蒸发冷却能量回收器（ERIEC）＋空调机组（AHU）组成，系统的工作原理如图 6-26 所示。在室外空调设计状态点 W 下的空气处理过程如图 7-1 所示。室外新风 W 经过 IEC 发生显热换热和潜热换热，经显热回收处理到状态点 D 和潜热回收到状态点 I，然后在 AHU 内继续冷却降温除湿到机器露点 L，以机器露点温度 t_l 送风（以无送风温差要求为例），被处理后的空气从 L 点沿着热湿比线送到空调房间，消除室内余热余湿。

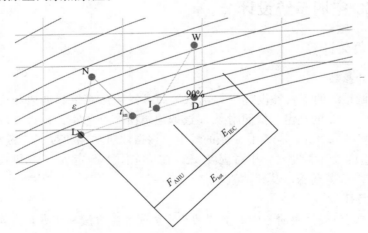

图 7-1　直流式 ERIEC 复合空调系统空气处理过程

系统的总送风量 G，可由式（7-4）计算：

$$G = \frac{Q}{(h_n - h_l)} = \frac{Q}{c_p(t_n - t_l)} \tag{7-4}$$

式中　c_p——空气的定压比热，J/(kg·K)；

　　　h_n——室内设计状态点焓值，kJ/kg；

h_l——机器露点焓值，kJ/kg；

t_n——室内设计温度，℃；

t_l——机器露点温度，℃。

由于采用全新风系统，则总送风量 G 即为新风量 G_w，kg/s。

在间接蒸发冷却器新风通道发生了凝结现象，既有显热换热也有潜热换热。由 AHU 承担的冷负荷为 E_{AHU}，IEC 承担的冷负荷为 E_{IEC}，即由制冷机组提供给 AHU 的设计冷负荷和间接蒸发冷却器的设计冷负荷分别为 E_{AHU} 和 E_{IEC}，如式（7-5）、式（7-6）所示，复合空调系统总冷负荷 E_{tot} 由这两部分组成，如式（7-7）所示。

$$E_{IEC} = G \times c_p \times (t_w - t_i) \tag{7-5}$$

$$E_{AHU} = G \times c_p \times [(t_i - t_l) + (t_n - t_l)] \tag{7-6}$$

$$E_{tot} = E_{AHU} + E_{IEC} \tag{7-7}$$

式中　E_{tot}——系统总设计冷负荷，kW；

E_{IEC}——IEC 设计冷负荷，kW；

E_{AHU}——AHU 设计冷负荷，kW；

t_w——空调室外设计干球温度，℃；

t_i——经 IEC 处理后的新风干球温度，℃。

2. 一次回风 ERIEC 全空气复合空调系统

一次回风式复合系统的工作原理如图6-28所示，空气处理过程如图7-2所示，新风 W 在 IEC 内发生显热换热和潜热换热，被处理到状态点 I，然后与室内回风 N 混合到状态点 C，在 AHU 内继续冷却降温除湿到机器露点 L，以机器露点温度 t_l 送风（以无送风温差要求为例），被处理后的空气从 L 点沿着热湿比线送到空调房间。

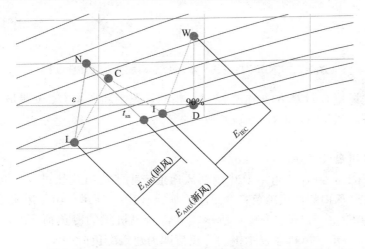

图 7-2　一次回风 ERIEC 复合空调系统空气处理过程

系统的总送风量 G 计算方法与式（7-4）相同，系统新风量 G_w 按照最小新风量计算，则回风量 G_n 如式（7-8）所示：

$$G_n = G - G_w \tag{7-8}$$

式中：G_n——一次回风量，kg/s。

同样，在 IEC 内的新风通道发生了冷凝现象，既有显热换热也有潜热换热。IEC 通过间接蒸发冷却热回收承担的新风冷负荷为 E_{IEC}，如式（7-9）所示；由 AHU 承担的冷负荷 E_{AHU} 包括回风冷负荷和新风冷负荷两部分组成，也可以用经 IEC 处理后的新风与回风混合状态点 C 来表示，如式（7-10）所示；复合空调系统总冷负荷 E_{tot} 与式（7-7）的表达相同。

$$E_{IEC} = G_w \times c_p \times (t_w - t_i) \tag{7-9}$$

$$E_{AHU} = G \times c_p \times (t_c - t_l) = G_w \times (t_i - t_l) + G_n \times (t_n - t_l) \tag{7-10}$$

式中　t_c——经 IEC 处理后的新风与回风混合状态点的干球温度，℃。

3. ERIEC 与空气—水复合系统

IEC 与空气—水复合系统中，IEC 作为新风机组中的新风预冷装置使用，表冷器作为新风机组的辅助冷源，其工作原理如图 6-25 所示。空气处理过程如图 7-3 所示，新风 W 经在 IEC 内发生显热换热和潜热换热，被处理到状态点 I，然后在表冷器内继续冷却降温除湿到与室内状态点 N 的等焓线上（以新风不承担建筑冷负荷为例），与风机盘管的送风状态点 F 混合到机器露点 L，沿着热湿比线到室内状态点 N。

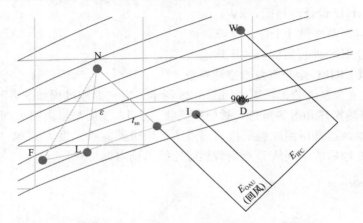

图 7-3　ERIEC 与空气—水复合空调系统空气处理过程

系统的总送风量 G 计算方法与式（7-4）相同，系统新风量 G_w 按照最小新风量设计，则风机盘管处理的风量 G_f 如式（7-11）所示：

$$G_f = G - G_w \tag{7-11}$$

式中　G_f——风机盘管的送风量，kg/s。

同样，在 ERIEC 新风机组中 IEC 内新风通道产生了冷凝换热过程，既有显热回收也有潜热回收。IEC 承担的新风冷负荷为 E_{IEC}，如式（7-9）所示；由新风机组的表冷器承担的新风冷负荷为 E_{OAU}，如式（7-12）所示，复合新风机组的冷负荷 E_{tot} 为 E_{OAU} 与 E_{IEC} 之和，如式（7-7）所示。风机盘管承担的冷负荷即为建筑冷负荷 Q。

$$E_{OAU} = G_w \times (t_i - t_k) \tag{7-12}$$

式中　t_k——经复合新风机组表冷器处理后的新风干球温度，℃。

7.2.3　ERIEC 空调系统设备选型

1. 间接蒸发冷却器设计与选型

换热器传热计算通常有两种方法：平均温差法和效能—传热单元数（ε-NTU）法。而间接蒸发冷却器中液膜的存在影响了一般换热器设计或校核计算中对数平均温差方法的基本假设条件（无内热源），因此不能在间接蒸发冷却器中直接应用。在$\varepsilon\text{-}NTU$法中，效率ε是传热单元数与热容比的函数，而传热单元数与热容比可以采用以二次风湿球温度为基准的计算方法进行计算。因此，间接蒸发冷却器的设计计算可以采用这两种方法相结合。首先，采用平均温差法，对板式间接蒸发冷却器的热工计算进行分析，然后利用$\varepsilon\text{-}NTU$法推导出的板式间接蒸发冷却器的换热效率与各影响因素之间的关系表达式，具体的传热传质分析过程和关系表达式的推导可见本书第2章。

板式间接蒸发冷却器的形式很多，但叉流板式间接蒸发冷却器是最为常用的设备，所以本书以叉流板式间接蒸发冷却器为例进行设计计算和选型的介绍，其中设计计算步骤与文献［8］相同，但是有关间接蒸发冷却传热传质基本原理则依据本书第2章，考虑了一次侧凝结液膜对传热传质影响的计算方法来进行。

（1）根据给定的间接蒸发冷却器湿球效率，计算间接蒸发冷却器的出风温度。根据本书第4章的分析结果可知，由于一次风入口空气温湿度的不同，在新风通道内会产生全部冷凝、部分冷凝和无冷凝三种状态，从而对湿球效率产生影响。在高温高湿气候区的空调室外设计气象参数下，一次风通道内产生凝结，如图7-1～图7-3所示，假定一次风出口温度t'_1为入口状态点的机器露点温度。

（2）根据式（7-13）计算湿球效率η：

$$\eta = \frac{t'_1 - t''_1}{t'_1 - t'_{\text{wb},2}} \tag{7-13}$$

（3）计算间接蒸发冷却器的送风量，即新风量$L_1(\text{m}^3/\text{s})$，根据第7.2.2节所述计算可得。通过间接蒸发冷却器的二次风量，即排风量$L_2(\text{m}^3/\text{s})$，考虑到管道漏风和空调房间的正压要求，可选择为新风量的90%，即：$L_2/L_1 = 0.9$。

（4）根据本书第5章敏感性分析结果，推荐二次风空气迎面风速$u_2 = 2\sim4\text{m/s}$，根据u_1/u_2的优化分析，一次风迎面风速$u_1 = 0.5u_2$，计算一二次通道迎风断面积$F_1(\text{m}^2)$，$F_2(\text{m}^2)$；

$$F_1 = L_1/u_1 \tag{7-14}$$

$$F_2 = L_2/u_2 \tag{7-15}$$

（5）根据实验及数值研究结果，推荐通道间距$\delta = 4\text{mm}$，根据工程实际预设换热器一二次侧的空气流动长度$l_1(\text{m})$，$l_2(\text{m})$，计算一二次通道的当量直径：d_{e1}，d_{e2}和空气流动的雷诺数Re_1，Re_2。

$$d_{e1} = \frac{4\delta l_1}{(\delta + l_1)} \tag{7-16}$$

$$d_{e2} = \frac{4\delta l_2}{(\delta + l_2)} \tag{7-17}$$

$$Re_1 = \frac{u_1 d_{e1}}{\nu} \tag{7-18}$$

$$Re_2 = \frac{u_2 d_{e2}}{\nu} \tag{7-19}$$

（6）根据式（7-20）计算分别一、二次空气在单位湿壁面上的对流换热系数a_{w1}，a_{w2}，

其中 h_{fg} 是水蒸气的焓。

$$\alpha_w = \alpha\left(1 + \frac{h_{fg}}{c_p e}\right) \tag{7-20}$$

其中显式传热系数 α 根据式（7-21）计算：

$$\alpha = \frac{0.023\left(\dfrac{\mu}{v}\right)^{0.8} \cdot Pr^{0.3} \cdot \lambda}{d_e^{0.2}} \tag{7-21}$$

（7）忽略凝结液膜的导热热阻，根据式（7-22）计算总传热系数 K：

$$K = \left(\frac{1}{\alpha_{w1}} + \frac{\delta}{\lambda} + \frac{\delta_w}{\lambda_w} + \frac{1}{\alpha_{w2}}\right)^{-1} \tag{7-22}$$

其中隔板的导热热阻 δ/λ，可以根据蒸发冷却器所用隔板的厚度和材料的导热系数计算得到，δ_w/λ_w 为喷淋水液膜的导热热阻，根据式（7-23）计算：

$$\delta_w = \left(\frac{3\mu\Gamma}{\rho^2 g}\right)^{\frac{1}{3}} \tag{7-23}$$

式中　Γ——单位长度喷淋水密度，$kg/(m \cdot s)$；对于板式间接蒸发冷却器，Γ 一般为 15～20$kg/(m \cdot h)$；

　　　m_w——喷淋水质量流量，kg/s；

　　　n——通道数目。

$$\Gamma = \frac{m_w}{(n+1)L} \tag{7-24}$$

（8）根据当地大气压下的焓湿图，利用式（7-25）、式（7-26）计算一、二次侧湿空气饱和状态的曲线的斜率 e_1，e_2，利用式（7-27）、式（7-28）计算基于湿球温度的湿空气的定压比热 c_{pw1}，c_{pw2}：

$$e_1 = \frac{t''_{wb,1} - t'_{wb,1}}{\omega''_{b,1} - \omega'_{b,1}} \tag{7-25}$$

$$e_2 = \frac{t''_{wb,2} - t'_{wb,2}}{\omega''_{b,2} - \omega'_{b,2}} \tag{7-26}$$

$$c_{pw1} = c_p + \frac{h_{fg}}{e_1} \tag{7-27}$$

$$c_{pw2} = c_p + \frac{h_{fg}}{e_2} \tag{7-28}$$

（9）根据步骤（2）计算所得的湿球效率 η 和式（7-29），计算 NTU 数。

$$\eta = \left[\frac{1}{1 - \exp(-NTU)} + \frac{\dfrac{m_1 c_{pw1}}{m_2 c_{pw2}}}{1 - \exp\left(-\dfrac{m_1 c_{pw1}}{m_2 c_{pw2}} \cdot NTU\right)} - \frac{1}{NTU})\right]^{-1} \tag{7-29}$$

为简化计算，也可根据第 4 章的数值分析结果，NTU 在推荐范围 3～4 取值。

（10）根据式（7-30）计算总换热面积 F：

$$NTU = \frac{KF}{m_1 c_{pw1}} \tag{7-30}$$

（11）按照计算所得的总换热面积 F 和空调机房的具体情况，确定间接蒸发冷却器的具体尺寸 L、W、H。推荐叉流式间接蒸发冷却器的高长比在 $0.4 \sim 0.8$ 之间，而逆流式间接蒸发冷却器的高长比大于 0.8。

（12）校核计算。根据计算的间接蒸发冷却器的具体尺寸 L、W、H，计算实际换热面积 F' 以及一二次空气入口参数，计算间接蒸发冷却器的换热量是否满足设计要求。

2. 喷淋水系统设计与选型

喷淋水泵的设计选型参数主要是循环水量和扬程。喷淋水流量需要完全覆盖 IEC 换热器二次风通道的换热表面，IEC 系统的循环水流量可以按式（7-31）计算。

$$m_w = \Gamma \cdot (n+1) \cdot L \tag{7-31}$$

式中　Γ——单位长度喷淋水密度，根据实验研究的结论应取 $15 \sim 20 kg/m \cdot h$；

　　　n——通道数；

　　　L——换热器长度，m。

喷淋水泵的扬程 P，要能够克服系统的总压损 H_{total}，m。总压损主要由三个部分组成，如式（7-32）所示：

$$H_{total} = H_{nozzle} + H_{gravity} + H_{valve} \tag{7-32}$$

式中　H_{nozzle}——喷嘴的压力损失，m；

　　　$H_{gravity}$——重力压头损失，m；

　　　H_{valve}——阀门的压力损失，m。

由于蒸发冷却过程导致水分不断地蒸发并随着排风排到室外，因此应对喷淋系统补水。根据间接蒸发冷却过程的控制方程数值求解蒸发水的损耗，根据蒸发水量估算补水水量，如式（7-33）所示：

$$M = \Delta d \cdot L_2 \cdot \rho \tag{7-33}$$

式中　M——喷淋水系统补水量，g/h；

　　　L_2——二次风风量，m^3/h；

　　　Δd——二次风进出口的含湿量差，g/kg；

　　　ρ——二次风空气密度，kg/m^3。

3. 水力计算

根据新风量、送风量、回风量和排风量，以及工程实际情况，选择适宜的管道风速，计算风管的断面尺寸，进行管道水力计算，计算各管道总阻力损失。

4. 风机选型

根据新风量、送风量、回风量和排风量，以及各管路的总阻力损失，选择风机。

7.3　ERIEC 空调系统的运行调节

ERIEC 空调系统属于被动冷却的一种形式，其运行效果也与新排风侧空气状态相关，尤其是在不同季节、不同气候区，新风状态的变化会对该系统的运行能效产生直接的影响。因此，为了能够使 ERIEC 空调系统在新风预冷环节发挥稳定高效的运行效果，运行调节也是必不可少的研究内容。鉴于间接蒸发冷却技术在干燥环境下的运行性能及系统调节方法已经具备相当成熟的研究结果，并已经取得广泛应用[1]，本章针对 ERIEC 空调系统在高温高湿环境下的运行调节进行分析。

7.3.1　空气处理过程及运行调节

在高温高湿地区，蒸发冷却空调的降温能力受限，送风相对湿度较高，因此很难作为独立的空调设备使用。而作为新风预冷的高效手段，ERIEC 系统与传统空调系统结合，在夏季可以分担部分冷负荷，在过渡季可以承担大部分冷负荷，从而能够减少制备冷源的能源消耗，实现节能减排。接下来以广州地区为气候背景，结合一次回风 ERIEC 全空气复合空调系统，研究复合系统在应用中的运行控制策略。

选取研究对象为一座普通办公建筑，共 3 层，每层面积为 $200m^2$，层高 3.6m。空调室内设计干球温度 $t_N = 25℃$，相对湿度 $\varphi_N = 50\%$，空调送风温度 17℃，用 DeST 能耗分析软件建立办公楼模型。选择典型房间 2002 室，为高档办公室。通过能耗软件计算该房间的热湿负荷及热湿比。模型如图 7-4 所示。

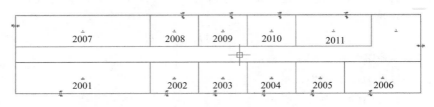

图 7-4　办公楼二层模型图

空调系统全年运行时间为 3～11 月。根据能耗计算结果，典型年 8 月 17 日 20：00 热湿比 ε 达到最大值 12465kJ/kg。本例中按照 8℃送风温差送风，则送风状态点 S 干球温度 $t_S = 17℃$，相对湿度 $\varphi_S = 75\%$，含湿量 $d_S = 9.1g/kg$，在焓湿图上绘制一次回风系统夏季及过渡季空调系统运行分区如图 7-5 所示。

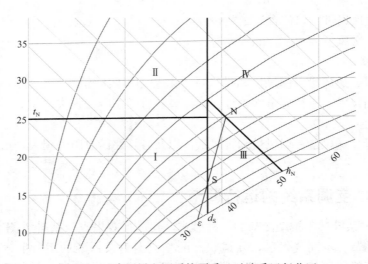

图 7-5　一次回风空调系统夏季、过渡季运行分区

图 7-6 为结合广州地区的空调季室外气候特征，将空调季室外空气参数散点图与空气处理过程和运行分区绘制在同一张图中。

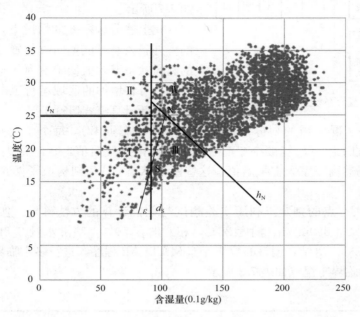

图 7-6 结合广州空调季室外气象参数划分的空调运行分区

（1）在送风状态点的等湿线以左，即含湿量比送风状态点低的区域，为Ⅰ区和Ⅱ区，属于过渡季工况中的一部分。Ⅰ区代表月份为 3 月上旬和 11 月下旬，室外空气含湿量不高，温度比夏季空调设计室内状态点低，可以通过开窗通风或全新风送风，不需要启动制冷设备。

（2）对于Ⅱ区，虽然室外空气温度高于夏季室内状态点，但其工况点出现频次太低，所占时间比例低于全空调季的 1%，从降低控制难度、简化调节方法的角度考虑，可以合并入其他的调节区域。

（3）Ⅲ区与Ⅳ区，3 月下旬～11 月上旬时间段内，为典型空调期，工况点占全空调季的 95% 以上。两区之间是依靠室内设计状态点 N 的焓值 h_N 划分的，当室外状态点 W 的焓值 $h_W < h_N$ 时为Ⅲ区，采用全新风直流式运行最为经济，其空气处理过程为用表冷器将室外新风处理到机器露点 L（d_S 线与相对湿度 90% 线的交点），可采用露点机器温度送风，对于室内温度精度要求高的环境，也可以采用加热器将其等湿加热到送风状态点 S 后送入室内。当 $h_W > h_N$ 时为Ⅳ区，即室外空气焓值高于室内，采用最小新风量运行最经济，将新风与回风混合后，经表冷器处理至机器露点 L，直接送风或等湿加热处理至 S 点，同Ⅲ区。

7.3.2 ERIEC 全空气空调系统运行工况分区

以上述全空气空调系统为例，对 ERIEC 全空气空调系统采用分区调节的方法进行优化，使得各区域在保证室内温湿度要求的前提下，运行经济，调节方便，且能自动切换。ERIEC 装置作为新风预冷设备，将新风冷却后再与回风混合进入表冷器降温除湿，从而

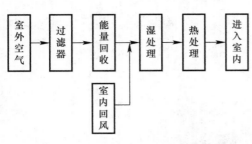

图 7-7　ERIEC 复合系统空气处理流程图

为空调系统承担大量新风冷负荷，可以有效地减少表冷器的冷量消耗。空气处理过程流程如图 7-7 所示。

在上述分区不变的情况下，图 7-6 中Ⅳ区的室外新风经过能量回收装置处理后，预冷后的新风状态点焓值低于室内状态点焓值的区域增加，可将增加的区域运行工况并入Ⅲ区，即采用全新风直流式运行工况。

对于新空调工况区域的划分，存在若干室外状态点 W_i，每个工况点等温线 t_i 上，含湿量小于 d_i 的工况点均能被冷却至焓值小于室内空气焓值，含湿量大于 d_i 的工况点被冷却后焓值仍然高于室内空气焓值，这些室外状态点 W_i 则构成了两个新分区的临界状态点。

对于临界状态点的判定，利用实验测试与数值计算的方法确定。实验取一次风量 385m³/h，二次风量 350m³/h，温度 25℃，相对湿度 50%，喷淋水量 2.5L/min，循环水温度初始温度 18℃。再结合编写的数值计算 MATLAB 程序，进行多个临界点的计算。实验与计算得到的临界工况点如表 7-3 所示。

临界工况点　　　　　　　　　　　　　　　　　表 7-3

T_{1in}(℃)	RH_{1in}(%)	T_{1out}(℃)	RH_{1out}(%)	h_{1out}(kJ/kg)
20.0	90	19.9	84	51.2
21.0	85	20.0	82	51.1
22.0	79	20.0	83	51.0
23.0	72	20.2	82	51.2
24.0	65	20.3	80	50.9
25.0	60	20.4	79	50.8
26.0	57	20.5	79	50.9
27.0	53	20.6	78	51.1
28.0	49	20.8	77	51.3
29.0	45	20.9	76	51.1
30.0	42	20.9	77	51.3
31.0	41	21.1	75	51.0
32.0	40	21.3	73	51.0
33.0	37	21.5	71	50.8
34.0	34	22.0	68	51.0
35.0	30	23.0	62	51.0
36.0	28	23.9	56	50.9

将临界点拟合成曲线，并反映在焓湿图上，ERIEC 系统的空调系统运行分区如图 7-8 所示，其中 W 为各临界点拟合的曲线，它是复合系统Ⅲ′区与Ⅳ′区的分界线。

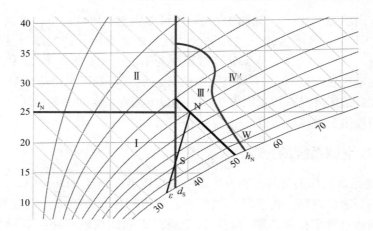

图 7-8 ERIEC 复合空调系统运行分区

利用 MATLAB 软件中的 polyfit 函数，可求得拟合曲线的近似方程，由于曲线 W 并不规则，近似表达为式（7-34）：

$$y = -2.0687x^6 + 144.24x^5 - 4181.6x^4 + 64521x^3 - 558813x^2 + 3 \times 10^6 x - 5 \times 10^6$$
$$R^2 = 0.8414 \tag{7-34}$$

注：R^2 为可决系数，度量回归方程的拟合优度，最大值为 1，越接近 1 说明拟合程度越好。

区域重新划分后，调节方法较之前的分区没有变化，Ⅲ′、Ⅳ′区分别对应Ⅲ、Ⅳ区的调节方法。在分区的基础上，考虑到室内热湿负荷的动态变化，例如室内外温差和太阳辐射强度的改变，使通过围护结构的传热量发生变化，又如人体、照明及室内设备的散热量和散湿量会随着作息和人员出入而变化。因此，除了根据室外空气状态变化划定分区外，还要针对室内热湿负荷变化对空调系统进行相应调节，以保证室内温湿度处在给定的波动范围以内。

办公建筑人员工作状态相对稳定，但随室外气象条件改变和照明启停，室内热负荷会有变化，人员流动也会引起散湿量在小范围内变动，因此热湿比线 ε 还是会发生一定程度的偏移。室内余热量 Q 和余湿量 W 同时变化，则 ε 可能减小（$\varepsilon' < \varepsilon$），也可能增大（$\varepsilon'' > \varepsilon$）。图 7-9 是室内余热、余湿变化后两种调节方式，分别对应的是维持室内状态点不变改变送风状态点与固定送风状态点小范围内调整室内状态点。

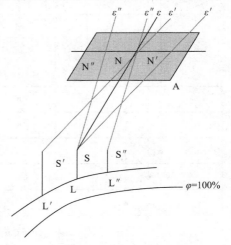

图 7-9 室内余热、余湿变化时状态点调节

L-S-N 是预设条件下的空调过程，维持室内状态点不变的条件下，热湿比变小则过程变为 L′-S′-N，热湿比变大则过程变为 L″-S″-N，这种调节方式可称为变露点调节（方法一），热湿比线斜率变小（变大）则继续处理机器露点左移（右移）至 L′（L″），再通过加热器进行等湿加热至新的送风状态点 S′（S″），送风状态点的温度可以保持不变，含湿量会减小（增大）。这种调节方式需要根据室内状态点和热湿比，利用与等温线或者等湿线的交点，提前确定送风状态点，能够保证室内状态的稳定，但由于送风状态点实时变动，控制难度较大。

如果允许室内状态点在一定范围内变动，则可以固定送风状态点，控制难度降低（方法二）。如图 7-9 所示，区域 A 定义为舒适区，代表的是室内允许的温湿度变化范围。当热湿比变小（变大）为 ε'（ε''），空调处理过程变为 L-S-N'（L-S-N''），送风参数沿这一过程变化，最后的室内状态点 N'、N'' 偏离原来的状态点 N，若还在舒适区 A 内，则不必进行调节；当落在舒适区外时，再采取方法一，通过变露点调节再热量的方法，将露点变为 L'（L''）再等湿加热至送风状态点。

7.3.3　ERIEC 空调系统的控制

ERIEC 空调系统采用的集散控制方法，由直接数字控制器（Direct Digital Controller，即 DDC 控制器）、通信网络、传感器、执行器、调节阀等元件组成，其参数采集、传递、控制等各环节均通过数字控制功能实现，且能通过不同的控制环路实现对多个对象的控制。图 7-10 是针对高温潮湿地区设计的 ERIEC 空调系统的基本结构及其控制点，机组的通用模拟仪表器件如表 7-4 所示，测点功能如表 7-5 所示。

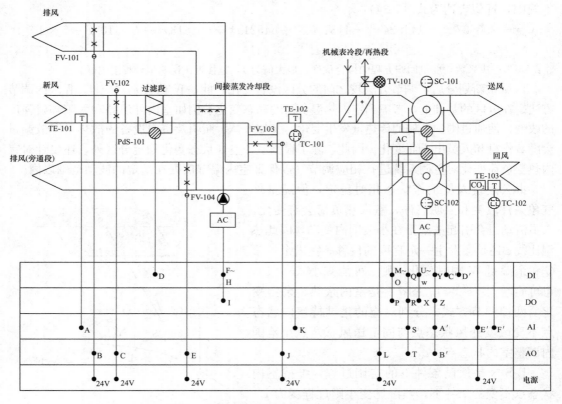

图 7-10　ERIEC 空调系统基本结构与控制点

机组通用模拟仪表器件　　　　　　　　　　　　　　　　表 7-4

符号	器件名称
TE-101~103	风管式温度传感器
TC-101~102	温度控制器

续表

符号	器件名称
TV101	电动调节阀
PdS-101	过滤器堵塞信号
FV-101～104	电动调节风阀
SC101～102	风机变频器

测点及功能　　　　　　　　　　　　　　表 7-5

代号	用途	状态
A、K、F′	新风、露点、回风温度	AI
B、C、E、J	电动调节风阀	AO
D	过滤器阻塞信号	DI
F、M、U	水泵、风机工作状态信号	DI
G、N、V	水泵、风机故障状态信号	DI
H、O、W	水泵、风机手/自动转换信号	DI
I、P、X	水泵、风机启停控制信号	DO
L	电动调节阀	AO
Q、Y	变频器故障报警	DI
R、Z	变频器开关控制	DO
S、A′	变频器频率	AI
T、B′	变频器控制	AO
C′、D′	风机压差检测信号	DI
E′	CO_2 浓度	AI

系统控制对象主要为阀门、风机、水泵、变频器等，具体过程如下：

（1）夏季，为减少机械制冷量，应使能量回收系统最大限度供冷，此时令风量为设计最小新风量。先开启间接蒸发冷却段，传感器 TE-103 将检测到的室内温度温度传递给控制器 TC-102（具有比例积分功能），控制器将检测温度与室内温度进行比较，对变频器 SC-101 进行控制，从而使得室内温度维持在设计温度范围内。若温度不能满足设计要求，则调节变频器 SC-101 的频率至最大，并开启制冷机为表冷器提供冷水。随后，再由温度控制器 TC-102 将设定温度与 TE-103 的检测温度进行比较，控制并调节表冷段调节阀 TV-101 的开度，使得送风温度维持在设计范围之内。

（2）过渡季使用全新风直接送风，先开启风机通风，若温度不能满足要求，则开启能量回收系统，此时露点温度控制器 TC-101 将设定温度与传感器 TE-102 检测到的机械露点温度做比较，控制排风管的旁通段上电动风阀 FV-104 打开，并调节开度，从而改变间接蒸发冷却段二次风流量，控制其等湿冷却程度，保证机械露点的温度在稳定状态；然后，温度控制器 TC-102 将设定温度与传感器 TE-103 的检测温度做对比，控制风机变频器 SC-101 与 SC-102 的频率，来调节风机转速，维持室内温度在设计范围内。

本章参考文献

[1] 黄翔主编. 蒸发冷却空调通风系统设计. 北京：中国建筑工业出版社 ［M］，2016.
[2] 中国气象局国家气象信息中心气象资料室. 中国建筑热环境分析专用气象数据集. 北京：中国建筑

工业出版社，2004.

［3］　张晴原，杨洪兴著. 建筑用标准气象数据手册. 北京：中国建筑工业出版社［M］，2012.

［4］　陈超，渡边俊行，谢光亚，于航. 日本的建筑节能概念与政策［J］暖通空调，2002，6：40-43.

［5］　National Renewal Energy Laboratory：Typical Meteorological Year.

［6］　杨洪兴，吕琳，张晴原，娄承芝，典型气象年和典型代表年的构成及其对建筑能耗的影响，暖通空调［J］，2005，35（3）：130-133.

［7］　Yang Hongxing and Lu Lin. The Development and comparisons of typical meteorological years for building energy simulation and renewable energy applications. ASHRAE Transactions，2004，110（2）：424-431.

［8］　黄翔主编. 蒸发冷却空调理论与应用［M］. 北京：中国建筑工业出版社，2010.

第8章 间接蒸发冷却能量回收空调系统 实施案例

8.1 项目概况

示范项目位于我国香港，是一个服务于室内生鲜超市的空调系统。建筑规模为地上 1 层，层高 6.7m，总建筑面积约 2000m²，建筑外观如图 8-1 所示。街市内摊档包括鱼肉果蔬等各类生鲜食品，如图 8-2 所示。

图 8-1 建筑外观图

图 8-2 室内菜档及商店
注：图片来源：维基百科用户-wpcpey。

8.2　ERIEC 空调系统设计

　　该街市空调系统的运行时间为 6：30～20：30。菜市场的建筑平面布局如图 8-3 所示，其中粗线条包围的区域为生鲜食品交易区。由于生鲜食品会散发异味并容易滋生细菌，空调回风无法回收利用。为了卫生要求，该区域空调系统采用全空气系统——全新风运行的模式。其他区域则属于日常生活用品交易区，可采用普通的空调系统。

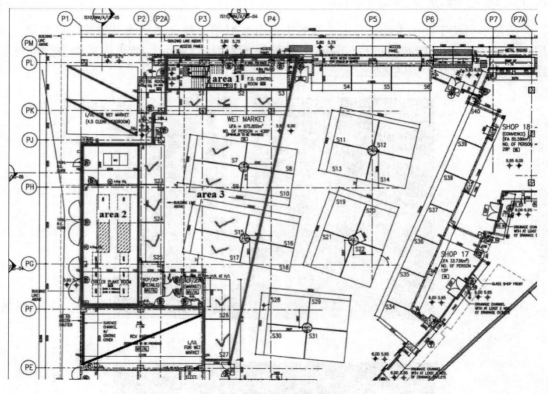

图 8-3　建筑平面图

　　生鲜超市的几何模型如图 8-4 所示，分成三个区：Area1，Area2，Area3。其中 Area1，Area2 为走廊、储物等非空调区；Area3 为贩售鱼肉果蔬等生鲜食品的区域，属于空调区域，建筑面积 260m²，层高 6.7m。

8.2.1　空调冷负荷计算

　　香港是典型的亚热带季风气候，属于夏热冬暖地区。该建筑所在地的全年逐时室外温度和湿度记录（1997～2015 年）如图 8-5 所示。

　　采用 TRNSYS 建筑能耗模拟软件模拟生鲜食品交易区全年空调负荷。围护结构得热、照明、设备散热形成的冷负荷以及人体散热、散湿冷负荷的计算参数见表 8-1。

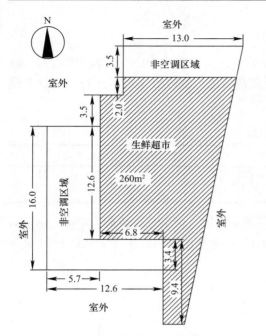

图 8-4 生鲜超市的几何模型

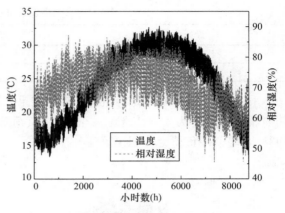

图 8-5 室外逐时温湿度记录（东涌，香港）

ERIEC空调区域各项负荷参数 表 8-1

	项目	传热系数 [W/(m²·℃)]	吸收系数
围护结构	外墙	2.89	0.8
	内墙	2.64	—
	屋顶	0.495	0.8
	地板	2.341	—
照明	项目	功率密度（W/m²）	镇流器
	顶部照明	20	1
	工作照明	2.2	1
设备	项目	功率密度（W/m²）	
	电力设备	40	
人员	项目	人数（人）	工作强度
	人员	142	轻度
湿源	项目	散湿面积（m²）	散湿量（kg/h）
	水产表面	36	78.5

表 8-1 中的水产等湿表面的散湿负荷根据式（8-1）计算得到：

$$E = A_p(0.065 + 0.0664u) \frac{p_w - p_a}{y} \tag{8-1}$$

式中　E——散湿量，kg/h；

　　　A_p——湿表面面积，m²；

　　　U——湿表面以上的空气速度，取 0.5m/s；

　　　P_w——在水温下饱和的水蒸气分压力，Pa；

　　　P_a——湿空气水蒸气分压力，Pa；

Y——水的汽化潜热，2450kJ/kg。

则散湿量为 78.5kg/h。

由于生鲜档口位于建筑内区，全年以冷负荷为主，甚至在 1～2 月也存在冷负荷。在冬季或过渡季节，如果室外新风能够完全满足冷负荷需求，制冷机组将不运行。夏季空调室、内外设计参数如表 8-2 所示。

<table>
<tr><td colspan="3" align="center">空调设计参数</td><td align="right">表 8-2</td></tr>
<tr><td>设计参数</td><td align="center">室内</td><td colspan="2" align="center">室外</td></tr>
<tr><td>干球温度（℃）</td><td align="center">24</td><td colspan="2" align="center">34</td></tr>
<tr><td>相对湿度（％）</td><td align="center">60</td><td colspan="2" align="center">70</td></tr>
</table>

采用 TRNSYS 对建筑冷负荷的模拟结果如图 8-6 所示。全年总冷负荷为 686904kWh，其中显热冷负荷为 188114kWh，潜热冷负荷为 498790kWh。制冷机组全年运行时间为 4938h，峰值冷负荷为 188kW。

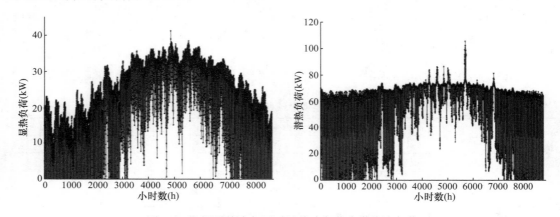

图 8-6　空调系统全年逐时显热冷负荷和潜热冷负荷

8.2.2　空调送风量计算

全新风空调系统采用变风量系统（VAV），经过 AHU 的室外新风被冷却至 12.8℃/12.8℃（DB/WB）。考虑管路温升，设计送风温度 t_l 为 14℃，机组机器露点 90％。街市室内设计温度 t_c 为 24℃，相对湿度 60％，全年最大显热冷负荷为 40kW。由于该空间的湿度要求不高，可直接根据显热冷负荷进行风量计算。根据式（8-2）可计算得到所需总风量为 12000m³/h。

$$G_w = \frac{Q}{c_{pa} \cdot \rho \cdot (t_c - t_l)} \tag{8-2}$$

该区域的空调系统设计采用间接蒸发冷却能量回收复合空调系统，即两组相同的 AHU 系统，并采用 IEC 进行热回收，在过渡季节只开一组系统即可满足部分负荷的要求。因此，每组 AHU 系统的设计风量为 6000m³/h。

8.2.3　空气处理系统

该区域采用两组相同的间接蒸发冷却能量回收复合空调系统（ERIEC），其工作原理如图 8-7 所示。新风首先进入 IEC 进行预冷，随后进入 AHU 冷却至送风设定温度后送入室内，室内回风送至 IEC 作为二次空气与喷淋水直接接触，换热后排至室外。各段进口和出口的空气状态点可以在焓湿图上表示出来。

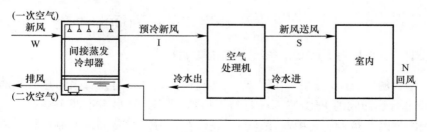

图 8-7 ERIEC 系统工作原理图

ERIEC 在运行时存在两种状态：新风通道发生冷凝换热和不发生冷凝换热。冷凝发生的状态下，既有显热回收也有潜热回收；不发生冷凝时，只存在显热回收。两种状态下的空气处理过程如图 8-8 和图 8-9 所示。

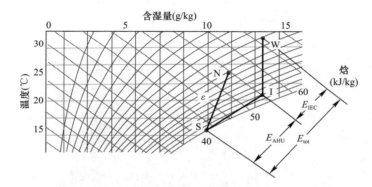

图 8-8 无结露状态下的空气处理过程

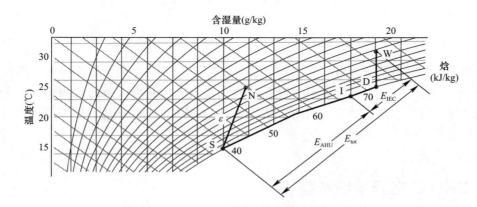

图 8-9 结露状态下的空气处理过程

总冷负荷 E_{tot} 由两部分组成：AHU 承担的冷负荷 E_{AHU} 和 ERIEC 通过热回收承担的冷负荷 E_{IEC}。空调能耗值 P_{tot} 可以由冷负荷除以制冷系统的 COP 计算得到。ERIEC 节省的空调能耗可用 ΔP 表示。如式（8-3）～式（8-6）所示。

$$E_{IEC} = G \cdot (h_I - h_w) \tag{8-3}$$

$$E_{AHU} = G \cdot (h_I - h_s) \tag{8-4}$$

$$E_{tot} = E_{IEC} + E_{AHU} \tag{8-5}$$

$$\Delta P = P_{tot} - P_{IEC} = \frac{E_{tot}}{COP} - \frac{E_{AHU}}{COP} \tag{8-6}$$

8.2.4　设计工况下的 ERIEC 系统节能率的计算

采用自编程的 Matlab 程序与 TRNSYS 能耗模拟软件，对没有采用热回收的空调系统和采用 IEC 进行热回收的 ERIEC 系统进行了模拟。图 8-10 显示了两个空调系统的制冷机组需要承担的逐时冷负荷。其中，深色部分表示在有 IEC 预冷新风时制冷机组需要承担的冷负荷，浅色部分表示单独采用制冷机组时需要承担的冷负荷。对比分析表明，采用 ERIEC 后，制冷机组需要满足的峰值冷负荷由 188kW 下降为 149kW，制冷机组容量可以减少 21％。对于全空气直流式空调系统，ERIEC 具有较大节能潜力，尤其在削减夏季峰值负荷方面，并且能够相应减少制冷系统的初投资和制冷机房占地面积。

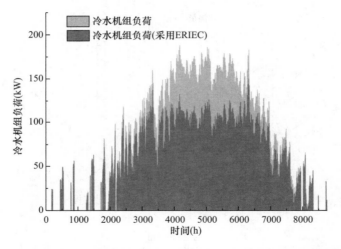

图 8-10　制冷机组需要承担的逐时冷负荷对比（有无 IEC 进行新风预冷）

根据所选制冷机组的规格，在 25％、50％、75％、100％空调负荷条件下，其 *COP* 分别为 4.72、5.40、5.27、3.82。根据冷负荷值和对应所选制冷机组的 *COP*，可计算出单独采用 AHU 空调系统，制冷机组的能耗为 106543kWh/a；而采用 ERIEC 进行能量回收后，可以节省能耗 31912kWh/a，节能率为 30％。

8.3　ERIEC 空调系统选型设计

8.3.1　间接蒸发冷却器选型

根据前文对 IEC 结构参数的优化结果，本项目所选平板式蒸发冷却热交换器的规格见表 8-3。

	ERIEC换热器参数和规格			表 8-3
板间距（mm）	长度（m）	高度（m）	通道数	换热面积（m²）
4	1	1	200	200

8.3.2 风机选型

ERIEC系统能耗包括新风侧和回风侧的风机以及循环水泵能耗。根据负荷计算，空调送风量为 $6000m^3/h$。考虑管道气密性及风机富裕系数，选择新风风机风量为 $6228m^3/h$。因为生鲜超市会散发异味，室内相对室外应保持负压环境，防止异味弥漫。设计排风量为 $6840m^3/h$，略大于送风量。

根据水力计算公式计算风机的压损：

$$\Delta P = \frac{f_{Re}}{Re} \cdot \frac{L}{d_e} \cdot \frac{\rho u^2}{2} \tag{8-7}$$

式中：f_{Re}——摩擦系数；

Re——雷诺数；

L——通道的长度，m；

d_e——通道的当量直径，m；

u——空气流速，m/s。

$$d_e = \frac{2ab}{a+b} \tag{8-8}$$

式中 a 和 b——通道横截面的长边和短边长度，m。

摩擦系数可用经验公式计算：

$$f_{Re} = 96(1 - 1.3553\alpha + 1.9467\alpha^2 - 1.7012\alpha^3 + 0.9564\alpha^4 - 0.2537\alpha^5) \tag{8-9}$$

式中 α——无量纲形状因子，由 $\alpha = b/a$ 给出。

雷诺数定义为：

$$Re = \frac{ud_e}{v} \tag{8-10}$$

由于水的喷淋作用，二次风道的阻力比一次风通道的阻力大 2～3 倍，因此应分别计算二次风通道和一次风通道的压力损失。

$$\Delta P_{ex} = 3\Delta P \tag{8-11}$$

$$\Delta P_{sup} = \Delta P \tag{8-12}$$

风机的功率计算式为：

$$P_{fan} = \frac{Q \times \Delta P}{3600 \times 1000 \times \eta_0 \times \eta_1} \times K \tag{8-13}$$

式中 P_{fan}——风机的额定功率，kW；

Q——风量，m^3/h；

η_0——风机的内部效率，通常为 0.7～0.8；

η_1——机械效率，通常为 0.85～0.95；

K——电机容量系数，通常为 1.05～1.1。

在本研究中，η_0、η_1 和 K 分别取值为 0.75、0.9 和 1.1。

根据以上计算结果，一、二次风机的设计技术参数如表 8-4 所示。

一次风机、二次风机设计参数　　　　　　　　　　表 8-4

参数	一次风机	二次风机
风量 $Q(\mathrm{m^3/h})$	6228	6840
形状系数 α	0.005	0.005
当量直径 $d_e(\mathrm{m})$	0.01	0.01
风速（m/s）	3.5	3.5
内部效率 η_0	0.75	0.75
机械效率 η_1	0.9	0.9
电机容量系数 K	1.1	1.1
压降（Pa）	32	96
功率（W）	90	300

8.3.3　水泵选型

喷淋水流量需要完全覆盖 IEC 热交换器二次风通道的换热表面，ERIEC 系统的循环水流量可以按式（8-14）计算。

$$m_w = \Gamma \cdot (n_1 + n_2) \cdot L \tag{8-14}$$

根据实验研究的结论，淋水密度 Γ 应取 $15\sim20\mathrm{kg/h}$；n_1 与 n_2 分别为一次风和二次风通道数；L 为换热器长度；经计算，喷淋水循环泵流量为 $3300\mathrm{kg/h}$。

循环水泵的功率可以按下式估算：

$$W = m_w \cdot g \cdot H_{total} \cdot K \tag{8-15}$$

式中　W——循环水泵额定功率，W；

　　　m_w——水流量，kg/s；

　　　K——安全系数；

　　　H_{total}——水循环系统的总压损，m，它主要由三个部分组成：

$$H_{total} = H_{nozzle} + H_{gravity} + H_{valve} \tag{8-16}$$

式中　H_{nozzle}——喷嘴的压力损失；$H_{gravity}$——重力压头损失；H_{valve}——阀门的压力损失。根据产品数据样本，喷嘴压力损失为 15m，重力损失为 2.5m，阀门的水头损失为 2m，循环水泵的扬程为 19.5m。

循环水泵的功率约为 0.193kW，水泵功率消耗的详细计算结果列于表 8-5。

循环水泵设计参数　　　　　　　　　　表 8-5

流量（kg/h）	喷嘴水头损失（m）	重力水头（m）	阀头损失（m）	总扬程（m）	K	功率（W）
3300	15.0	2.5	2.0	19.5	1.1	193.0

ERIEC 系统的喷淋水通过底部水箱回收循环，水箱水量随着喷淋水的蒸发过程而减少。因此，需考虑 ERIEC 耗水量并设置补水装置。根据质量平衡，补水量等于二次空气入口和出口之间的含湿量差。本项目选取设计工况 $t_p = 34℃$，$RH_p = 70\%$，$t_s = 24℃$，$RH_s = 60\%$ 以及二次空气流量 $Q_s = 6840\mathrm{m^3 s/h}$。在通道间距为 4mm 时，根据对换热器二

次风进出口空气状态的变化模拟计算结果（见图 8-11），二次风入口含湿量为 11.17kg/kg，出口含温量为 19.75kg/kg，可得该状态下二次空气进出口含湿量差值为 Δd 为 8.58g/kg，日运行时间为 14h。峰值水耗可由式（8-17）计算得到。

$$M = \Delta d \cdot Q_s \cdot \rho \cdot 14 = 1.27 \text{m}^3/\text{d} \tag{8-17}$$

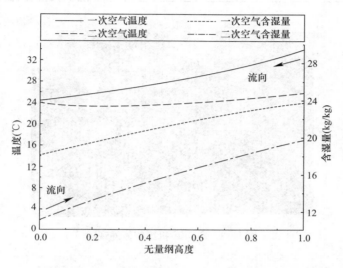

图 8-11　间接蒸发冷却器一、二次风通道空气状态变化曲线

选择三台喷淋水补水处理装置，每台的容积为 0.5m^3，补水系统压力为自来水管网水压，如图 8-12 所示。

图 8-12　喷淋水补水处理装置

8.3.4　整装机组设计

根据计算参数进行 ERIEC 和 AHU 系统选型设计，所选 ERIEC 机组规格参数如表 8-6 所示，整体机组内部结构、外观分别如图 8-13 和图 8-14 所示。

ERIEC 机组技术规格参数表　　　　　表 8-6

类型	数量	通道数	一次侧		二次侧			喷雾量 (m³/h)	通道间隙 (mm)	长 (m)	宽 (m)	高 (m)
			流量 (m³/h)	静压 (Pa)	电机功率(kW)	流量 (m³/h)	静压 (Pa)	电机功率(kW)					
板式	2	200	7000	400	0.09	7000	400	0.3	4	4	1.7	1.7	2.08

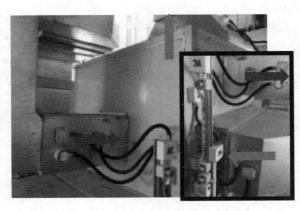

图 8-13　ERIEC 机组整体外观图

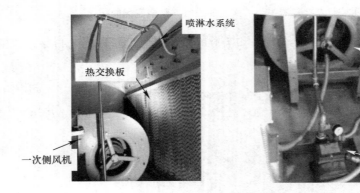

图 8-14　ERIEC 整体机组内部结构实图

8.4　数据监测与控制系统

ERIEC 监控系统除了可以保证系统正常运行的要求，还可以对系统能效进行实时监测，本项目设置了中央数据采集和控制系统，对制冷机房、空调机房的运行状态实时监测和运行管理。

为了监测 ERIEC 系统的运行效率，需要测试的数据包括：一次风进出口温湿度、二次风进出口温湿度、一次风流速、二次风流速。在一次风侧风机和二次风侧风机的进出口设置压差传感器监测，以进行风机故障报警和测试 ERIEC 的压力损失。本项目 ERIEC 系统监测仪器仪表设计与选型情况如表 8-7 所示。

ERIEC 系统监测仪器仪表设计选型　　表 8-7

风管	传感器	数量	参数	范围	精度	型号
新风入口	温湿度传感器	1	温度 相对湿度	−15~60℃ 10%~95%	±0.3℃ ±2.5%	E+E Co., Pt1000，Model：EE160
	风速传感器	2	风速	0~10m/s	±0.2m/s	E+E Co.，Model：EE65
	压差传感器	2	压差	<250，500，1250Pa	±1%	Dwyer Co.，MS-112
新风出口	温湿度传感器	2	温度 相对湿度	−15~60℃ 10%~95%	±0.3℃ ±2.5%	E+E Co., Pt1000，Model：EE160
回风入口	温湿度传感器	1	温度 相对湿度	−15~60℃ 10%~95%	±0.3℃ ±2.5%	E+E Co., Pt1000，Model：EE160
	风速传感器	2	风速	0~10m/s	±0.2m/s	E+E Co.，Model：EE65
	压差传感器	2	压差	<250，500，1250Pa	±1%	Dwyer Co.，MS-112
回风出口	温湿度传感器	2	温度 相对湿度	−15~60℃ 10%~95%	±0.3℃ ±2.5%	E+E Co., Pt1000，Model：EE160
AHU 出口	温湿度传感器	2	温度 相对湿度	−15~60℃ 10%~95%	±0.3℃ ±2.5%	E+E Co., Pt1000，Model：EE160
数据采集仪	NA	2	数据收集	NA	NA	Graphtec，Model GL240，10-channel，
软件	NA	1	数据记录	NA	NA	Lenovo，Ideacentre AIO 300（Intel）

　　本项目采用转轮热回收器（HRW）作为备用热回收装置，HRW 与 ERIEC 并联在 AHU 送风管道与室内回风管道之间。在 ERIEC 运行时，关闭转轮两侧的风阀，室内回风直接送入 ERIEC 的二次风道与喷淋水接触后排至室外，新风直接送入 ERIEC 的一次风道经过热交换后送入 AHU。当 ERIEC 需要检修时，关闭 ERIEC 一次风道与二次风道两侧的风阀，开启转轮两侧的风阀，室内回风与室外新风将旁通至转轮进行热交换，随后回风排至室外，处理后的新风送入 AHU。整个系统的数据监测布点如图 8-15 所示。

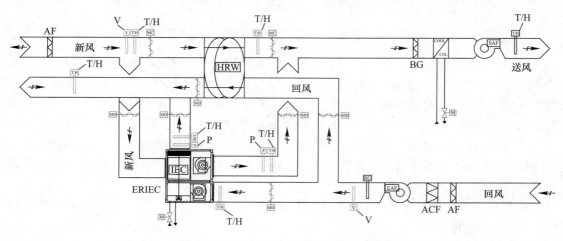

图 8-15　ERIEC 系统数据监测点布置图

本项目采用中央数据采集与控制系统，可以读取一、二次风经 ERIEC 和 AHU 热湿处理前后的状态变化和风量，AHU 表冷器空调冷冻水的系统的进出水温度和流量，以及一二次风管的阀门开度。

8.5　数据测试结果与分析

8.5.1　典型日

图 8-16 为夏季典型日 ERIEC 排风侧进出口温湿度变化情况，灰色部分表示 ERIEC 系统处于运行状态。可以看出，排风经过 ERIEC 后，温度下降，含湿量增加。夜间排风进口温度保持在 26.5℃，在系统开始运行后，风机将室内较高温度的空气送入 ERIEC，因此开机后排风进口温度有所升高。空调系统开启后室内温度迅速下降，排风进口温度在系统运行 2h 后达到 26℃并保持稳定。回风在与喷淋水接触后温度下降，热量通过水蒸发转化为潜热，系统运行期间排风出口平均温度为 24℃。系统开始运行 0.5～1h 后，排风进口相对湿度从 90％下降至 70％并保持温度不变，由于喷淋水的作用，排风出口相对湿度为 100％，在运行期间对排风的平均加湿量为 3.8g/kg。

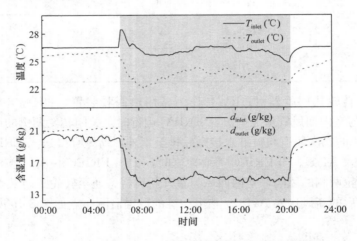

图 8-16　典型日 ERIEC 排风侧进出口温湿度变化

图 8-17 为夏季典型日 ERIEC 新风侧进出口温湿度变化情况，灰色部分表示 ERIEC 系统处于运行状态。可看出，新风经过 ERIEC 后，温度明显下降，含湿量有所减小。室外温度在 11：00 后开始升高，在 15：20 达到最高点 30.4℃，运行期间室外平均温度为 27.4℃，平均相对湿度为 84.4％。新风经 ERIEC 处理后，温度明显降低，进出口平均温差为 4.1℃，最大温降为 7℃。在 ERIEC 运行期间，新风出口含湿量下降明显，说明新风在 ERIEC 中发生结露现象，存在潜热交换，新风出口相对湿度达到 100％，在运行期间新风平均除湿量为 1.2g/kg。

根据典型日新风与排风进出口参数变化，可计算得出 ERIEC 湿球效率与扩大系数的变化情况，如图 8-18 所示。由图可知，湿球效率在 0.5～0.9 之间波动，扩大系数在 1.0～4.1 之间波动。在 ERIEC 运行期间，平均湿球效率为 0.74，平均扩大系数为 1.94。

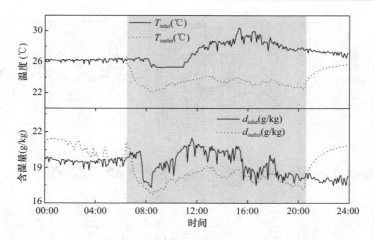

图 8-17 典型日 ERIEC 新风侧进出口温湿度变化

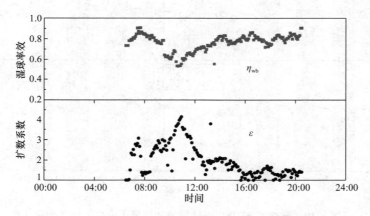

图 8-18 典型日 ERIEC 湿球效率与扩大系数

8.5.2 典型月

图 8-19 为夏季典型月 ERIEC 系统新风和排风进出口空气温湿度的变化，灰色部分表示 ERIEC 系统处于运行状态。测试期间属于典型夏季气温，选取 13 天进行分析，其室外温度变化范围在 26～35℃之间，相对湿度在 45%～95%之间。新风经过 ERIEC 后，被处理至 23～24℃，运行期间平均温降为 5.2℃，最大温降达到 10.2℃。ERIEC 运行时新风出口含湿量下降，相对湿度达到 94%～100%，因此在新风侧有结露发生，存在潜热交换；系统关闭时，ERIEC 新风出口含湿量迅速上升，超过进口含湿量，之前凝结在 ERIEC 通道内的水分通过蒸发被带走。在系统运行期间，室内温湿度较稳定，空调排风进口温度稳定在 26～27℃，相对湿度为 63%～70%。

图 8-20 显示了典型月室外日平均温度与 ERIEC 湿球效率的变化情况，其中温度为 ERIEC 运行期间（6：30～20：30）室外平均温度，湿球效率为 ERIEC 运行日平均湿球效率。分析可知，典型月日平均温度在 26.4～32.2℃之间波动，ERIEC 运行日平均湿球效率随室外温度波动变化明显，随着日平均温度的上升而升高，最大日平均效率为 0.91，

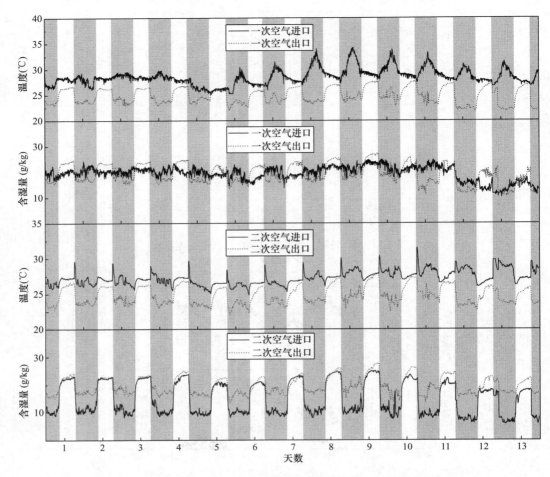

图 8-19　典型月 ERIEC 系统新风和排风进出口温湿度变化

在日平均温度最低的 26.4℃时，平均湿球效率最小，为 0.55。在典型月 90％的运行时间里，日平均湿球效率大于 0.75。

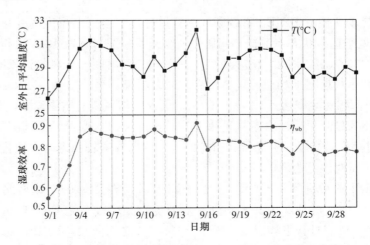

图 8-20　典型月室外日平均温度与 ERIEC 湿球效率的变化

　　图 8-21 显示了典型月室外日平均相对湿度与 ERIEC 扩大系数的变化情况，其中湿度
为 ERIEC 运行期间（6：30～20：30）室外平均相对湿度，扩大系数为 ERIEC 运行日平
均扩大系数。可看出，典型月日平均相对湿度在 55.4%～93.2% 之间波动，ERIEC 运行
日平均扩大系数随室外相对湿度波动变化明显，随着日平均相对湿度的上升而升高，运行
日最大平均扩大系数为 3.15，即 ERIEC 全热交换量为显热交换量的 3.15 倍，对应日平均
相对湿度为 92.5%。在日平均相对湿度小于 60% 时，扩大系数趋近于 1，即新风很少或没
有结露发生。

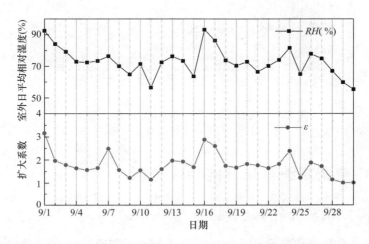

图 8-21　典型月室外日平均相对湿度与 ERIEC 扩大系数的变化

　　通过计算 ERIEC 新风进出口的温差和含湿量差，可得到显热交换量和潜热交换量。
图 8-22 显示了典型月经 ERIEC 处理新风的显热交换量和全热交换量。其中，全热交换量
最大值为 35.2kW，此时潜热交换占主要部分（58%）；显热交换量最大值为 21.4kW，此
时为室外空气温度最高点。典型月 ERIEC 处理新风的平均显热交换量为 14.5kW，占平均
全热交换量的 60%。

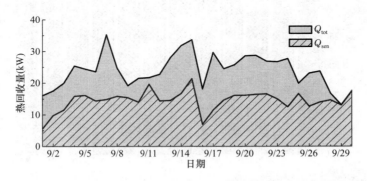

图 8-22　典型月 ERIEC 处理新风的显热交换量和全热交换量

　　根据监测得到的 AHU 新风进出口温度与相对湿度计算 AHU 新风进出口的焓差并得
到承担的冷负荷值，图 8-23 显示了典型月 ERIEC 与 AHU 承担的冷负荷的关系，以及新
风冷负荷即 ERIEC 与 AHU 所承担的冷负荷之和。其中，AHU 承担的冷负荷在 44.6～

81.6kW 之间，新风冷负荷在 62.1～108kW 之间，ERIEC 所承担的冷负荷占新风冷负荷的 17％～40％。统计典型月数据，ERIEC 承担的冷负荷均值为 23.9kW，占 26.5％；AHU 承担的冷负荷均值为 66.3kW，占 73.5％。

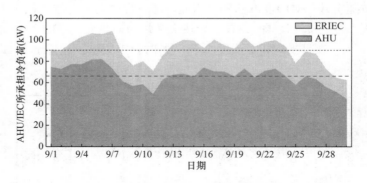

图 8-23　典型月 ERIEC 与 AHU 承担的冷负荷

8.6　ERIEC 空调系统全年节能特性分析

8.6.1　ERIEC 空调系统全年运行状态

根据东涌地区全年气象数据，采用前文所述判断 ERIEC 结露状态的判断方法进行模拟计算，得到全年 ERIEC 系统运行时间及结露状态的分布图，如图 8-24 所示。

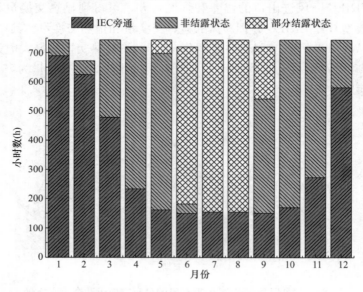

图 8-24　ERIEC 系统全年运行时间及结露状态的分布

在冬季（12 月，1～2 月），由于室内冷负荷相对较低，室外新风直接送入室内可以在大部分时间满足冷却需求，制冷机组和 ERIEC 系统仅在峰值负荷时运行。3 月和 11 月是温度适中的过渡季节，ERIEC 工作时间比冬季长，运行期间几乎全部处于非冷凝状态。

在 4～10 月，制冷机组基本全天处于运行状态。从 5 月开始，ERIEC 中新风会发生冷凝。6～8 月，ERIEC 基本完全在冷凝状态下运行。据统计，ERIEC 的全年停机时间和运行时间分别为 3822h（43.6%）和 4938h（56.4%）。ERIEC 的非冷凝状态和冷凝状态占一年内总运行小时数的 60.7% 和 39.3%。从结果可看出，在我国香港地区，ERIEC 系统中新风的冷凝占全年热回收量的比例较大，特别是在极度需要空调的炎热潮湿的夏季。因此，在潮湿地区对 ERIEC 空气处理过程进行建模时，不能忽略新鲜空气的冷凝或除湿过程。

采用 ERIEC 系统后，制冷机组在全年不同月份的负荷率和运行时间如图 8-25 所示。制冷机组负荷率定义为制冷机组额定负荷与当前制冷机组负荷之比。统计全年模拟结果，ERIEC 系统的冷水机组负荷率为 0～25%，25%～50%，50%～75% 和 75%～100% 的时间分别占总运行时间的 14.9%，29.8%，50.6% 和 4.7%。在 5～9 月，制冷机组在大部分时间内的负荷率为 50%～75%。在过渡季节和冬季，制冷机组在低负荷区的运行时间要长得多，负荷率大多低于 50%。

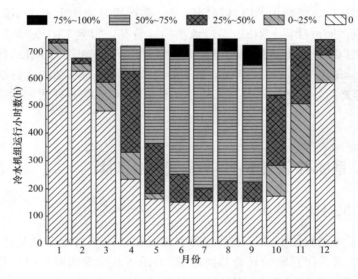

图 8-25 制冷机组全年负荷率与运行时间

8.6.2 ERICE 系统全年节能特性分析

ERIEC 全年运行显热和潜热回收量如图 8-26 所示。可以看出，ERIEC 可同时回收显热和潜热，说明其不仅可以降低新风的温度，还可以去除新风中的部分水分，从而降低 AHU 需要承担的冷负荷。根据不同月份显热和潜热回收量分布，ERIEC 的显热和潜热回收性能在夏季的 7 月份达到最大值，这可归因于夏季的显热和潜热传递的驱动力较大。显热的驱动力为二次空气的湿球温度和新风的干球温度之间的差异，潜热的驱动力为二次空气湿度和新风湿度之间的差异。在最热的 7 月份，总显热和潜热回收量可达到 32000kWh/月。在一整年中，ERIEC 系统的全热回收量为 146213kWh，其中显热回收占 65.7%，潜热回收量占 34.3%。

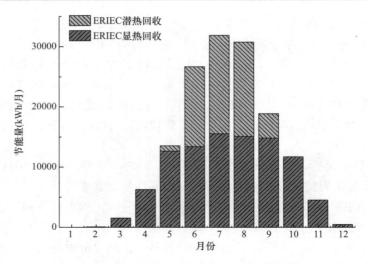

图 8-26　ERIEC 全年运行显热和潜热回收量

为了分析 ERIEC 系统减少的空调制冷能耗，在计算过程中考虑了不同负荷下制冷机组的动态 *COP* 值，通过计算 ERIEC 系统承担的冷负荷，得到 ERIEC 系统全年可回收的能量，再根据机组 *COP* 值，将节省的能量转换为电耗。计算得出 ERIEC 能量回收装置可使冷水机组耗电量每年减少 31912kWh。根据前文所选风机与水泵的运行功率以及模拟得出的 ERIEC 全年运行小时数，计算得出使用 2 台 ERIEC 系统额外增加的全年能耗总计为 5827kWh/a。

8.7　ERIEC 系统与转轮热回收系统性能对比

8.7.1　实测结果对比与分析

本项目采用了 2 组相同的 AHU 系统为室内提供冷量，每组系统均连接一个 ERIEC 作为热回收设备，且采用并联的转轮热回收器（HRW）作为辅助热回收系统。为了对比 ERIEC 与 HRW 系统在相同工况下的实际节能效果，在运行时使其中一组 AHU 系统采用 ERIEC 进行热回收，另一组采用 HRW 进行热回收。测试于 2018 年 11 月 22 日开始，选取典型日与典型月对 ERIEC 与 HRW 系统的运行结果进行分析。

1. 典型日

选取 12 月 1 日作为典型日，对 ERIEC 与 HRW 系统的测试结果进行分析，该天在系统运行期间的日平均温度为 25.3℃，日平均相对湿度为 74.4%。ERIEC 与 HRW 系统新风出口温度之间的对比如图 8-27 所示，其中灰色区域表示系统处于运行状态。

可以看出，HRW 系统的新风出口温度明显高于 ERIEC 系统的新风出口温度，甚至还高于室外温度。其原因是 HRW 系统显热回收的驱动力来源于新风和回风之间的温差，在冬季，室外空气温度在 22～26℃之间，低于室内回风的温度，于是新风在 HRW 系统中回风加热，反而增大了 AHU 系统需要处理的冷负荷。而对于 ERIEC 系统，其具有较好显热回收性能的原因是可以通过水蒸发带走回风中的热量，在新风和回风侧产生较大的温差。

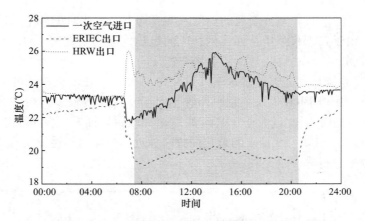

图 8-27 ERIEC 与 HRW 系统新风出口温度的比较（典型日）

ERIEC 与 HRW 系统新风出口含湿量之间的对比如图 8-28 所示，其中灰色区域表示系统处于运行状态。HRW 系统的新风出口含湿量明显低于 ERIEC 系统的新风出口含湿量，说明 HRW 在潜热回收方面具有更好的性能。HRW 系统的潜热回收驱动力是进口空气的水蒸气分压和由回风再生的吸湿材料表面的饱水蒸气分压之差。在秋季，由于新风较为潮湿，HRW 系统仍然具有很好的除湿性能。

然而，ERIEC 系统的潜热回收只有当热交换板面温度低于新风露点温度时才能实现。在过渡季节及冬季，新风的露点温度往往非常低，新风的结露情况较少发生，因此 ERIEC 系统在过渡季节及冬季的潜热回收性能较差。

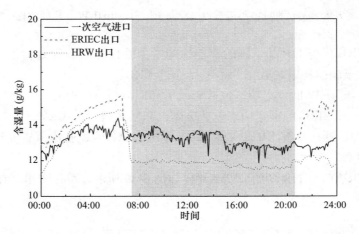

图 8-28 ERIEC 与 HRW 系统新风出口含湿量的比较（典型日）

2. 典型月

根据 ERIEC 和 HRW 系统的测试数据，可以计算出其显热和潜热回收效率。图 8-29 比较了测试期间（2018 年 11 月 22 日～12 月 4 日）两个系统的总热回收率。由于测试期间主要为冬季，新鲜空气的温度和湿度均低于室内回风，因此 HRW 系统显热和潜热回收的驱动力均较弱，相反会对新风进行加热或加湿，造成 HRW 的热回收量在大多数时间为负值。在这些运行条件下，室外新风应通过旁通管路绕过 HRW 并直接送入 AHU。在 12

月 1～6 日以及 20～22 日，室外新风的温度及湿度均上升，此时 HRW 系统的潜热回收是有效的。然而，由于在 HRW 中从回风到新风的显热传递仍为逆向，HRW 系统的总热回收的性能仍然较弱。

对于 ERIEC 系统，其能够通过水蒸发过程将二次空气处理至较低的温度，从而对新风进行显热回收，使得 ERIEC 系统总热回收量大于 0 的天数较多。在冬季 2 个月的测试期间内，ERIEC 的总热回收量大于 HRW 的总热回收量，而其在室外温湿度均较高的日期（12 月 4 日～6 日、20～22 日）的总热回收量相近，全年运行性能将在下一节通过总热回收量的模拟数据进行进一步比较。

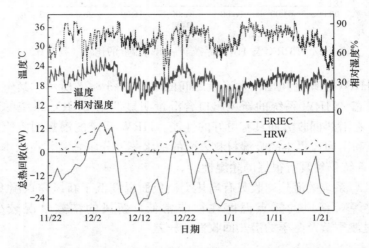

图 8-29　测试期间室外温湿度变化与 ERIEC 和 HRW 总热回收性能

为了对比 ERIEC 与 HRW 系统的节能性能，需要计算两者为其所连 AHU 系统节省的运行能耗。由于缺少耗电量数据，本项目通过 ERIEC 与 HRW 系统的额定功率来计算运行能耗。其中，HRW 的额定功率包括送风机和回风机（0.48kW＋0.53kW）以及旋转电机（0.18kW），ERIEC 的额定功率包括送风机和回风机（0.03kW＋0.3kW）以及循环水泵（0.193kW）。通过计算 ERIEC 和 HRW 系统为 AHU 设备所节省的运行能耗，能够得出两者的节能率。

测试期间 ERIEC 与 HRW 的节能率对比如图 8-30 所示，可以看出，在全部连续的测

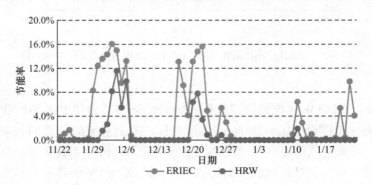

图 8-30　ERIEC 与 HRW 的节能率对比

试天数，ERIEC 系统实现的节能率高于 HRW 系统。然而，由于冬季室外空气温湿度较低，两个系统均存在不节能的运行工况。为优化运行，应在这些工况下将新风从旁通管路绕过 ERIEC 或 HRW 从而直接送入室内，避免室内回风对其加热。测试期间 12 月 3 日为室外温度最高的一天，该日 ERIEC 系统的节能率最高，为 16%；HRW 的节能率也同样达到峰值，为 9%。

8.7.2 HRW 系统全年节能特性分析

本节根据现场所采用的转轮系统设备型号与规格，进行了 HRW 系统运行性能和能耗的模拟。当冷水机组开启后，HRW 能够回收室内排风的能量为新风进行预冷处理；而在冷水机组关闭时的自由冷却通风模式下，新风将从旁通管路绕过 HRW 直接送入室内，以避免额外的能量消耗。

HRW 的建模过程采用效率—微型电容法，显热传递和潜热传递的计算公式为：

$$Q_{sens} = \varepsilon_{sens} \cdot m_{min} \cdot c_p(t'_2 - t'_1) \tag{8-18}$$

$$m_{transfer} = \varepsilon_{lat} \cdot m_{min} \cdot (w'_2 - w'_1) \tag{8-19}$$

ε_{sens} 和 ε_{lat} 是 HRW 系统的显热和潜热传递效率。机组的额定效率通常由制造商根据在标准运行条件（ASHRAE 84-2008，AHRI-1060-2005）下的测试结果给出，但实际工作效率会根据运行条件的改变而变化。表 8-8 列出了该项目中所采用的 HRW 系统的相关运行参数。

HRW 系统显热和潜热传递的额定效率　　　　　　　　　表 8-8

类型	参数	单位	值
新风侧	气流	m³/h	6228
	空气速度	m/s	3.1
	干球温度	℃	34
	相对湿度	%	68.6
	含湿量	g/kg	23.2
回风侧	气流	m³/h	6840
	空气速度	m/s	3.4
	干球温度	℃	24
	相对湿度	%	50
	含湿量	g/kg	9.4
额定参数	显热效率	%	70.2
	潜热效率	%	70.6

为了准确模拟 HRW 系统的年运行效率，应对显热效率和潜热效率在非标准条件下的值进行修正。影响 HRW 性能的三个关键参数包括：空气温度、空气湿度和空气流速。由于该项目中空调室内温湿度保持稳定，因此回风温度和湿度对 HRW 系统效率的影响可以认为是恒定的，HRW 系统的性能主要取决于新风的状态变化。新风温、湿度和风速对 HRW 显热效率和潜热效率影响的数值模拟结果见图 8-31～图 8-33。

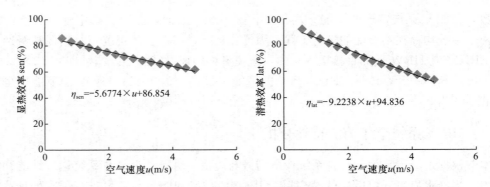

图 8-31　新风风速对 HRW 显热效率和潜热效率的影响

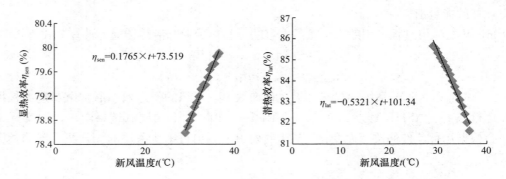

图 8-32　新风温度对 HRW 显热效率和潜热效率的影响

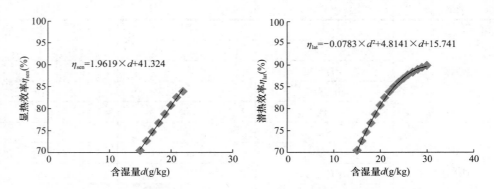

图 8-33　新风含湿量对 HRW 显热效率和潜热效率的影响

上述图中的模拟结果表明：（1）随着风速的增加，显热效率和潜热效率呈线性降低；（2）显热效率随着新风温度的增加而线性增加，潜热效率则线性下降；（3）显热效率随新风含湿量的增加而线性增加，潜热效率随新风含湿量的升高而呈二次抛物线上升。图 8-31～图 8-33 中列出了 HRW 系统显热效率与潜热效率随这三个影响因子变化的拟合方程。通过各个拟合线性方程组的斜率，即可得到新风风速、温度和含湿量对显热效率和潜热效率各自的校正系数，如表 8-9 和表 8-10 所示。为了研究含湿量对潜热效率的影响，如图 8-33 右图所示，将拟合方程 $\eta_{lat} = -0.0783 \times d^2 + 4.81141 \times d + 15.741$ 划分为两个不同含湿量范围内的两个线性方程（$d < 22g/kg$ 和 $d \geqslant 22g/kg$），斜率分别为 1.9619% 和 0.6862%。

显热效率校正因子　　　　　　　　　　　　　表 8-9

项	单位	校正因子
风速	m/s	−5.6774%
新风温度	℃	0.1765%
新风相对湿度	%	—

潜热效率校正因子　　　　　　　　　　　　　表 8-10

项目	单位	校正因子
风速	m/s	−9.2238%
新风温度	℃	−0.5321%
新风相对湿度	%	1.9619% $(d<22\text{g/kg})$; 0.6862% $(d\geqslant22\text{g/kg})$;

根据修正因子修正后的显热效率可以表示为：

$$\eta_{sen} = \eta_{sen} \times [1+(\acute{u}-3.1) \times (-5.6774\%)] \times [1+(\acute{t}-34) \times 0.1765\%] \quad (8\text{-}20)$$

如果新风的含湿量 $d<22\text{g/kg}$，则修正后的潜热效率可以表示为：

$$\eta_{lat} = \eta_{\acute{l}at} \times [1+(\acute{u}-3.1) \times (-9.2238\%)] \times [1+(\acute{t}-34) \times (-0.5321\%)] \times$$
$$[1+(d-23.2) \times 1.9619\%] \quad (8\text{-}21)$$

如果新风含湿量超过 22g/kg，则修正后的潜热效率可以表示为：

$$\eta_{lat} = \eta_{\acute{l}at} \times [1+(\acute{u}-3.1) \times (-9.2238\%)] \times [1+(\acute{t}-34) \times (-0.5321\%)]$$
$$\times [1+(d-23.2) \times 0.6862\%] \quad (8\text{-}22)$$

其中符号"'"表示额定参数，并且在 HRW 的模拟中，应考虑漏风现象，根据空调设备承包商提供的 HRW 样本，由于二次空气质量流量较小，新风冷却能力较弱，漏风率为 5%，将对其热回收性能产生不利影响。

HRW 系统的显热效率和潜伏效率随着运行工况（空气温度、湿度和风速）的改变而变化。在表 8-11 中列出了 HRW 动态显热效率和潜热效率的模拟结果。虽然最大显热效率和潜热效率可以达到 70%，但其平均值仍较低（约 60%）。这是由变化的风速、新风温度、湿度和漏风现象造成的。

实际运行工况下 HRW 的显热效率和潜热效率　　　　　　表 8-11

	显效率	潜效率
最大值	67.6%	73.5%
最小值	56.4%	49.9%
平均值	63.3%	62.7%

采用动态仿真方法进行 HRW 系统全年运行性能模拟，图 8-34 对比了采用 HRW 进行热回收后的逐时冷水机组负荷与未采用热回收系统的逐时冷水机组负荷。深色曲线表示与 HRW 热回收系统结合的冷水机组负荷变化，而浅色曲线表示未采用 HRW 热回收系统时冷水机组的负荷变化。从模拟结果来看，HRW 系统全年节能 138055kWh，并且热回收性能在夏季明显优于冬季。对于 HRW 热回收系统，其显热回收的驱动力是室外新风和室内回风之间干球温度的差异，而夏季的显热回收驱动力显著高于冬季或过渡季节。其潜热

回收的驱动力是吸湿材料表面的水蒸气分压与新风中水蒸气分压之间的差异。在我国香港，夏季的新风湿度显著高于冬季或过渡季节，因此夏季的潜热回收量更大。与第 8.6.2 节中 ERIEC 系统的全年模拟数据进行对比，HRW 系统比 ERIEC 系统的年运行节能量（146213kWh）低 6％。

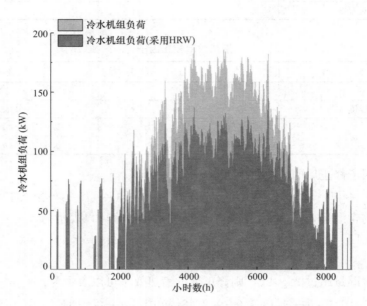

图 8-34　全年冷水机组逐时负荷曲线（有无 HRW 热回收系统的对比）

8.7.3　HRW 系统的年运行费用

HRW 系统的能耗项包括送风机、回风机和旋转电机。对于本项目所使用的 HRW 系统，其旋转电机的额定功率由设备制造商的出厂数据中提供，为 18kW。风机的能耗可采用第 8.3.2 节中介绍的计算方法来估算。由于灰尘堆积的影响，在实际运行中 HRW 系统新风侧和回风侧的压降通常超过 170Pa，风机的功率可以通过下式进行计算：

$$P_{fan} = \frac{Q \times \Delta P}{3600 \times 1000 \times \eta_0 \times \eta_1} \times K \qquad (8-23)$$

表 8-12 中列出了 HRW 系统所采用的送风机和回风机的计算参数。

HRW 系统送风机和回风机的计算参数　　　　　　　表 8-12

参数	新风侧	回风侧
风量 Q(m³/h)	6228	6840
内部效率 η_0	0.75	0.75
机械效率 η_1	0.9	0.9
电动机容量系数 K	1.1	1.1
压降（Pa）	170	170
风机功率（W）	480	530

因此，考虑到 HRW 系统中各用电设备的能耗，其年运行成本如表 8-13 所示。

项	旋转电机	送风机	回风机
功率（kW）	0.18	0.48	0.53
运行时间（h）	4938	4938	4938
成本（港元）	889	2370	2617
总计（港元/a）	5876		

HRW 系统年运行成本计算　　　　　　　　　　　　　　　　表 8-13

8.8　ERIEC空调系统全寿命周期成本分析与环境影响评价

8.8.1　全寿命周期成本分析

1. 全寿命周期成本的概念和特点

全寿命周期成本（Life Cycle Cost，LCC），是指系统或设备从规划设计、施工建设、后期运营直到报废的整个期间需要的总费用。在建设的过程中，由于系统结构的复杂性，在此阶段投资成本巨大，这极易导致投资者忽视其在后期使用过程中的能源消费、运行管理和设备维护等分散性支出方面的经济性，并对该项技术望而却步。LCC 从系统全寿命周期的角度出发，综合考虑系统在初投资阶段、运行维护阶段直至报废的后期阶段的全部成本，为投资者提供了全面的经济性评价[1]。

2. 全寿命周期成本的构成体系

全寿命周期成本不仅包括了资金意义上的资金成本，还包括项目或产品的社会成本和环境成本[2]。

（1）资金成本

项目或设备的资金成本，通常也称之为经济成本，涵盖了项目或产品从设计研发、施工建设或生产到使用直至报废回收的全部资金投入，包括初投资、运行和管理成本、报废成本等。寿命周期内资金成本是工程设计、开发、建造、维修和报废等过程中发生的费用，即该项工程在其确定的寿命周期内或在预定的有效期内所支付的研究开发费、制造安装费、运行维修费、报废回收费等费用的总和。寿命周期内不同阶段成本的构成状况如图 8-35 所示。

对于不同的项目，图 8-35 中的数据可能有所不同。在一般情况下，运营和维护成本往往大于项目建设的一次投资。根据工程数据统计，在建筑工程领域的全寿命周期资金成本中，项目在策划、建设、运营三个阶段构成比例大概为：10%，25%，65%，建设阶段和运营阶段的成本约占整个工程项目全寿命周期资金成本的 90%。

针对暖通空调系统而言，其寿命周期经济成本是指暖通空调系统从项目构思到建成投入使用直至寿命终结全过程所发生的一切可直接体现为资金投入的总和，包括建设成本、使用成本以及报废成本。建设成本是指空调从筹建到竣工验收为止所投入的全部成本费用。使用成本则是指空调系统在使用过程中发生的各种费用，包括各种能耗成本、维护成本和管理成本等。报废成本指空调系统寿命周期结束后，在对系统及设备拆除、清理、销毁时支付的全部资金成本[3]。对于暖通系统而言，其各项设备在达到寿命周期时仍具有一定的残余价值，寿命周期成本分析中一般将残值与报废成本做抵消处理，将报废成本计为零。

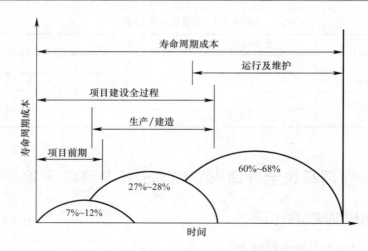

图 8-35　典型寿命周期成本状态

（2）环境成本

全寿命周期环境成本是指工程项目或者产品在其全寿命周期内所发生的对环境造成负面影响的一切支出费用总和。工程寿命影响包括潜在和显在的影响，可能是负面的，也可能是正面的。负面影响体现为某种形式的支出，正面影响体现为某种形式的收益。暖通空调领域，环境成本是由装置运行所需能量的生产引起的，制冷、空调和热泵这些设备所消耗的电力占全世界生产电能的 15%。在分析计算环境成本时，应对环境影响进行分析甄别，剔除不属于成本的部分。由于环境成本并不直接体现为某种货币化数值，必须借助于其他技术手段将环境影响货币化[4]。

（3）社会成本

寿命周期社会成本是指工程产品在项目构思、产品建成投入使用直至报废全过程中对社会造成的不利影响。与环境成本一样，建设项目对于社会的影响可以是正面的，也可以是负面的，必须进行甄别，剔除不属于成本的系列。比如，建设项目可以增加社会就业率，有助于社会安定，这种影响不应计算为成本。另外，如果一个项目的建设会增加社会运行成本，如由于工程建设引起大规模移民，可能增加社会的不安定因素，这种影响就应计算为社会成本。在全寿命周期成本理论里，只有坏的影响才会构成社会成本[5]。

3. 暖通空调系统 LCC 估算模型的建立

暖通空调系统的 LCC 指的是暖通空调系统全生命周期内所支付的总费用。按照 LCC 概念的定义，其应当包括资金成本、社会成本、环境成本三部分。但是就目前国内研究的情况来说，由于其社会成本和环境成本都是隐性成本，难以直接表现为量化成本，因此在暖通空调系统项目 LCC 分析实践中，皆侧重于经济成本的管理，对于社会成本和环境成本考虑很少。考虑到各种因素，本书仍主要考虑项目寿命周期的经济成本。

（1）暖通空调系统全寿命周期资金成本的构成要素

空调系统是一个综合性概念，要使空调系统实现既节能又经济，单从某一方面考虑是不够的，需要从空调系统整个寿命周期考虑其影响因素，根据影响因素，提出如何控制寿命周期各个阶段的寿命周期费用，空调系统要从投资、运行等方面考虑，还要考虑到空调系统各个组成部分，如冷水机组、空调机、水泵、风机等各设备的投资、设计和运行，使全寿命周期在节能前提下达到最小的寿命周期费用，得到一个技术与经济都切实可行的优化节能方案，从而提高整体效益。根据以上三点暖通空调系统全寿命周期成本的构建原则，以暖通空调系统为研究的对象，对其全寿命周期内各个阶段发生的资金成本归纳统计、分项整理，如图8-36所示。

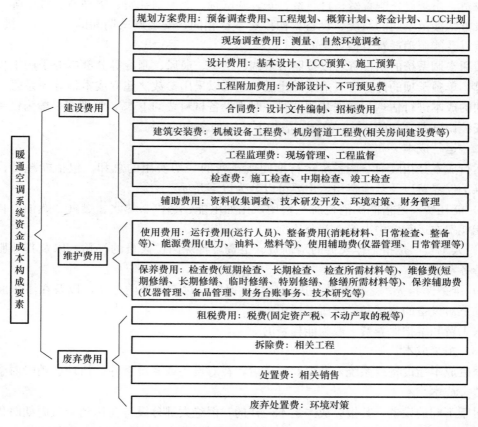

图 8-36　暖通空调系统资金成本构成要素

从图8-36中可以看出，暖通空调系统的全寿命周期资金成本的构成涵盖其自规划设计至报废回收期间的所有费用，且各分项之间条理清楚，明目明确，没有重复，更无遗漏，完全符合全寿命周期成本的理念。

（2）资金成本的计算过程

暖通空调系统的全寿命周期资金成本，是指暖通空调工程从项目调研到设计施工及至后期系统运行所耗费用直至系统报废或回收的全部资金投入，由以下几部分组成：一次投资成本（Investment Costs，IC）；运行成本（Operation Costs，OC）；另外，还应加上设备的报废成本（Discard Costs，DC）。一次投资成本主要包括暖通空调方案的规划设计费用、系统设备购置及安装费用、取水工程费（或下管费）、外网配套费、配电费等；运行成本主要包括系统运行能源（电力、热力、燃油、燃气、地下水）消耗费用，人员管理费用、系统设备维修维护费用等；报废成本主要包括拆除费、废弃处置费等。因此，空调系统寿命周期成本可写成：

$$LCC = IC + OC + DC \tag{8-24}$$

（1）一次投资成本

一次投资成本也可称为初投资，暖通空调系统在正式投入运行之前，在其规划设计期、建设期内所支付的一切资金成本即为暖通空调系统的初投资。主要包括：设计费、配套建设费、系统设备购置费、材料费、安装调试费、能源消耗费、管理费、税金等。不同的建设方案涉及不同的系统、设备，初投资不尽相同；安装调试期间的人工费、机械费、材料费以及能源消耗费要估算全面。

暖通空调系统的初投资可以按照对空调、供暖、通风、制冷等分部拆分采用工程法进行估算，单独子项的计算可以采用类比法，也可以采用参数法建立成本估算关系式，对某些子项的成本进行估算，如安装调试费一般为设备材料费的15%，管理费一般为设备材料费和安装调试费之和的2%，税金一般为上述三项之和的5%。

（2）运行成本

运行成本是指暖通空调系统运行期间所花费的一切费用的总和。包括能耗费、人工费、维护保养费以及其他费用，主要可以分为以下几项：

1）能耗费　是指能源消耗所花费用，比如电能、蒸汽、热水、燃气、燃油、自来水等，能耗费在运行费中占绝大部分比例。

2）人工费　是指工作人员的培训费、工资，特殊岗位人员的补贴，以及其他服务人员的劳务费等。

3）维护保养费　是指对设备进行检修、保养，对零部件的更换，以及在不中断运行的情况下对设备的测试和维修所需费用。

人工费和维护保养费一般为能耗费的5%。

（3）报废成本

报废成本指设备或系统寿命周期结束后，在对设备或系统拆除、清理、销毁时支付的全部资金成本。

对于不同的设备，其报废成本是不一样的，但绝大部分设备在达到寿命周期时仍具有一定的残值，这会冲销其报废成本。由于暖通空调系统在达到使用寿命时仍具有一定的残余价值，一般可将残值看作与报废成本相抵消处理，将报废成本计为零。

（4）LCC数学模型

考虑系统的初投资和运行成本计算其全寿命周期资金成本，按系统初投资、运行成本、维护成本和残值，建立空调系统资金成本的数学模型为：

$$LCC = IC + \sum_{k=1}^{n} OC(1+i)^{-k} + DC(1+i)^{-n} \tag{8-25}$$

式中　LCC——寿命周期成本，万元；

$\quad\quad IC$——初投资费用，万元；

$\quad\quad OC$——运行成本，万元；

$\quad\quad DC$——报废成本，万元；

$\quad\quad k$——设备已使用的年数；

$\quad\quad n$——经济寿命期；

$\quad\quad i$——折现率，取0.1。

当每年 OC 值相同时，有：

$$LCC = IC + OC\frac{(1+i)^n - 1}{i(1+i)^n} + DC(1+i)^{-n} \tag{8-26}$$

（5）空调系统投资期回收计算方法

投资回收期是指从项目的投建之日起，用项目所得的净收益偿还原始投资所需要的年限。投资回收期分为静态投资回收期与动态投资回收期两种。投资回收期就是使累计的经济效益等于最初的投资费用所需的时间，即通过资金回流量来回收投资的年限。标准投资回收期是国家根据行业或部门的技术经济特点规定的平均的投资回收期。

1）静态投资回收期计算

静态投资回收期以不考虑资金时间价值为前提，通过项目的净收益来回收其全部投资所需要的时间，投资回收期可以自项目建设开始年算起。

静态投资回收期可根据现金流量表计算，其具体计算又分以下两种情况：

① 项目建成并投入使用后每年的净收益均相同，计算公式如下：

$$Pt = K/A \tag{8-27}$$

式中　K——建设项目的初投资，元；

　　　A——项目建成后投产后隔年的净收益，元。

② 项目建成并投入使用后每年的净收益不相同，需通过累计现金流量计算静态投资回收期，即累计净现金流量由负值转向正值之间的年份，其计算公式为：

$$Pt = m - 1 + A_{m-1}/A_m \tag{8-28}$$

式中　m——累计净现金流量开始出现正值的年份数；

　　　A_{m-1}——上一年累计净现金流量的绝对值，元；

　　　A_m——出现正值年份的净现金流量，元。

静态投资回收期可以直观地反映原始总投资回收期，易于理解。但是静态投资回收期并没有考虑资金的时间价值和回收期满后产生的现金流量，对项目时间价值的确定并不准确。

2）动态回收投资期计算

动态投资回收期考虑了资金的时间价值，将投资项目每年的净现金流量按基准收益率折成现值，根据折现后的值计算方案的投资回收期。动态投资回收期就是净现金流量累计现值等于零时的年份。

动态投资回收期通过下列近似公式计算：

$$Pt' = m - 1 + A'_{m-1}/A'_m \tag{8-29}$$

式中　m——累计净现金流量现值出现正值的年数；

　　　A'_{m-1}——上一年累计净现金流量现值的绝对值，元；

　　　A'_m——出现正值年份净现金流量的现值，元。

动态投资回收期考虑了资金时间价值，计算出的数据较科学合理，但是对未建项目，资金的时间价值并不能准确的获得。可采用静态投资回收期计算项目使用周期，通过近几年的平均人民币增值率对项目净现金流量进行修正。

4. 间接蒸发冷却技术的全寿命周期成本分析

以本章所述间接蒸发冷却能量回收空调系统为例，对间接蒸发冷却技术的全寿命周期成本及投资回收期进行分析。由于 ERIEC 系统系在原有的空调系统上增设，全寿命周期成本分析的目的仅为体现增设 IEC 部件后系统的经济性及节能效果，所以本节的分析仅针对 IEC 模块展开，通过分析带 IEC 部件的空调系统和原系统的初投资、运行费用的对比，以体现增设 ERIEC 带来的经济性及节能性效果。

（1）ERIEC 系统的全寿命周期成本

ERIEC 系统的成本包括初投资（设备初始投资、运输费和系统安装费）、运营成本和其他费用（运营期间的维护费）。ERIEC 系统所带来的初投资增加部分包括：ERIEC 换热装置、水处理装置、水管管材及配件、风管管材及配件；而 ERIEC 系统通过热回收承担部分冷负荷，使制冷机组需要承担的峰值冷负荷降低，冷水机组的制冷能力减少，冷水系统、冷却水系统及表冷器等的设备容量降低、材料减少，从而减少初投资。ERIEC 系统效益包括每年节省制冷机组电耗，以及由于峰值冷负荷的减少带来的制冷系统的设备、材料初投资成本减少，此项也可以转换为每年节省资金。通过考虑货币的时间价值，采用动态投资回收期计算方法来衡量 ERIEC 系统的投资回报期。本研究采用的年实际利率为 1.9%。

该项目包括两台相同的 ERIEC 系统，表 8-14 中列出了 ERIEC 系统初始投资估算，总投资为 88000 港元，即 $IC=88000$ 港元。

ERIEC 系统初投资分析　　　　　表 8-14

项目	初投资（港元）	运输费（港元）	安装费（港元）	使用年限（a）	总投资（港元）
ERIEC 系统	60000	10000	18000	15	88000

注　此项目中，安装费设为设备总投资的 30%；实际比例由承包商决定。

此外，在此项目中，根据前文计算所得两台 ERIEC 系统年运行能耗费用约为 5827 港元/a，维护费约为 5000 港元/a。据日运行时间 14h 计算的系统日峰值水耗为 $1.27\text{m}^3/\text{d}$，则系统峰值水耗为 $0.0907\text{m}^3/\text{h}$，ERIEC 全年运行时间为 4938h，年耗水量为 $448\text{m}^3/\text{a}$；香港水价实行分段计价，假设平均水价为 6.0 港元$/\text{m}^3$，ERIEC 系统年耗水费用为 2688 港元/a。则 ERIEC 运行成本为：

$$OC = 维护费＋耗能费＋耗水费 = 5827＋5000＋2688 = 13515 \text{ 港元}$$

ERIEC 使用年限为 15 年，由于 ERIEC 系统在达到寿命周期后尚有一些残余价值，可将残值与报废成本相抵消，将报废成本计为零（$DC=0$）。所以 ERIEC 系统的全寿命周期成本 LCC 可计算如下：

$$LCC = IC + OC\frac{(1+i)^n-1}{i(1+i)^n} + DC(1+i)^{-n} = 88000 + 13515 \times \frac{(1+0.1)^{15}-1}{0.1 \times (1+0.1)^{15}} +$$
$$0 \times (1+0.1)^{-15} = 88000 + 102714 + 0 = 190714 \text{ 港元}$$

（2）ERIEC 系统的投资回收期

采用 ERIEC 系统的总利润包括两个方面：能量回收以及制冷机组初始投资减少。根据前文所述，考虑部分负荷下冷水机组的动态 COP 值，并假设电价为 1.0 港元/kWh，根据模拟结果，该项目在未采用 ERIEC 进行能量回收时，系统总耗电量为 106543kWh/a，而采用 ERIEC 系统进行能量回收后可节省 35% 的能耗，热回收效益为 31912 港元/a。不考虑冷水系统、冷却水系统容量降低所带来的投资减少，仅考虑制冷机组初期投资减少部分：未采用 ERIEC 系统时制冷机组的峰值负荷为 188kW，采用 ERIEC 系统进行能量回收后，制冷机组的峰值负载可降低到 149kW。因此，考虑增加 10％的富余容量，由于水冷螺杆式冷水机组的成本约为 1890 港元/kW，此 ERIEC 系统可使冷水机组初投资节约 81081 港元。ERIEC 系统的设计寿命为 15 年，在 ERIEC 整个生命周期内平均可节省 5405 港元/a。因此，采用 ERIEC 系统的总利润包括能源回收效益和制冷机组初始投资减少部分，共约 37317 港元/a。

综上所述，ERIEC 系统的初投资为 88000 港元，年运行成本为 5827 港元/a，维护费用为 5000 港元/a，年运行水费为 2688 港元/a。热回收效益为 31912 港元/a，总利润（包括能源回收效益和制冷机组初始投资减少部分）为 37317 港元/a。基准折现率取 10％，由式（8-31）和式（8-32）计算静态及动态投资回收期计算过程，如表 8-15 所示。

ERIEC 系统投资回收期计算（单位：港元）   表 8-15

项目 \ 年	0	1	2	3	4	5
投资支出	88000	0	0	0	0	0
其他支出	0	13515	13515	13515	13515	13515
收入	0	37317	37317	37317	37317	37317
净现值流量	−88000	23802	23802	23802	23802	23802
累计净现值流量	−88000	−64198	−40396	−16594	7208	31010
净现值流量折现值	−88000	21638	19671	17883	16257	14779
累积折现值	−88000	−66362	−46691	−28808	−12551	2228

静态投资回收期：

$$Pt = K/A = 88000/23802 = 3.7a \qquad (8\text{-}30)$$

动态投资回收期：

$$Pt' = m - 1 + \frac{A'_{m-1}}{A'_m} = 5 - 1 + \frac{12551}{14779} = 4.8a \qquad (8\text{-}31)$$

（3）ERIEC 和 HRW 系统的投资回报期对比

和 ERIEC 系统类似，HRW 系统的成本包括初投资（设备初始投资、运输费和系统安装费）、运营成本和其他费用（运营期间的维护费），HRW 系统效益包括每年节省制冷机组电耗，以及由于峰值冷负荷的减少带来的制冷系统的设备、材料初投资成本减少，此项也可以转换为每年节省资金。HRW 系统所带来的初投资增加部分包括：旋转轮机、吸湿芯、过滤网、风管管材及配件。通过考虑货币的时间价值，采用动态投资回收期计算方法来衡量 HRW 系统的投资回报期。本研究采用的年实际利率为 1.9％。表 8-16 中列出了 HRW 系统初始投资估算，总投资为 128000 港元，即 $IC = 128000$ 港元。

HRW 系统初投资分析   表 8-16

项目	初投资（港元）	运输费（港元）	安装费（港元）	使用年限（a）	总投资（港元）
HRW 系统	100000	10000	18000	15	128000

注：此项目中，安装与运输费设为由承包商决定。

此外，HRW 系统的维护成本要比 ERIEC 系统高很多（约 50%）。根据工程经验，HRW 系统的维护费用高于 ERIEC 系统，这是由于 HRW 系统中的新风和回风并非完全分离，而是通过旋转电机进行间接接触，因此会不可避免地造成交叉污染。HRW 系统需要定期维护，当遇到空气管路堵塞时，需要移动组件进行清洗并更换吸湿芯。在此项目中，根据前文计算所得两台 HRW 系统年运行能耗费用约为 11752 港元/a，维护费约为 6000 港元/a，则 HRW 系统的运行成本为：

$$OC = 维护费 + 耗能费 = 6000 + 11752 = 17752\ 港元$$

按照 HRW 系统使用年限为 15 年，将报废成本计为零（$DC=0$），其全寿命周期成本 LCC 可计算如下：

$$
\begin{aligned}
LCC &= IC + OC\,\frac{(1+i)^n - 1}{i(1+i)^n} + DC(1+i)^{-n} \\
&= 128000 + 17752 \times \frac{(1+0.1)^{15} - 1}{0.1 \times (1+0.1)^{15}} + 0 \times (1+0.1)^{-15} \\
&= 128000 + 134920 + 0 = 262920\ 港元
\end{aligned}
$$

采用 HRW 系统的总利润包括两个方面：能量回收以及制冷机组初始投资减少。据第 8.7.2 节所述，采用 HRW 系统的全年热回收量为 138055kWh，考虑部分负荷下冷水机组的动态 COP 值，并假设电价为 1.0 港元/kWh，根据模拟结果，采用 HRW 系统进行能量回收后可实现的热回收效益为 30309 港元/a。由于 HRW 系统与 ERIEC 系统实现的全年热回收总量相差不大，考虑 HRW 系统可节省的冷水机组初投资与 ERIEC 系统相同，为 81081 港元，在整个生命周期内平均可节省 5405 港元/a。因此，采用 HRW 系统的总利润包括能源回收效益和制冷机组初始投资减少部分，共约 35714 港元/a。表 8-17 列出了 HRW 系统静态及动态投资回收期（前五年）计算过程。

HRW 系统投资回收期计算（单位：港元）　　　　　　　　　　　　　　　　表 8-17

项目 ＼ 年	0	1	2	3	4	5
投资支出	128000	0	0	0	0	0
其他支出	0	17752	17752	17752	17752	17752
收入	0	35714	35714	35714	35714	35714
净现值流量	−128000	17962	17962	17962	17962	17962
累计净现值流量	−128000	−110038	−92076	−74114	−56152	−38190
净现值流量折现值	−128000	16329	14845	13495	12268	11153
累积折现值	−128000	−111671	−96826	−83331	−71063	−59910

静态投资回收期：

$$Pt = K/A = 128000/17962 = 7.1a \tag{8-32}$$

动态投资回收期：

$$Pt' = m - 1 + \frac{A'_{m-1}}{A'_m} = 14 - 1 + \frac{410}{4730} = 13.1a \tag{8-33}$$

表 8-18 列出了 ERIEC 系统和 HRW 系统的对比总结。可以看出，当综合考虑设备初投资、运行成本以及维护费用时，ERIEC 系统的年净收益远远大于 HRW 系统。总体来说，ERIEC 系统作为一种更好的中央空调系统能量回收替代方案，在我国香港或其他类

似的湿热地区具有很大的应用潜力。

ERIEC 系统和 HRW 系统的投资回报期

表 8-18

项目	ERIEC 系统	HRW 系统
初期投资（港元）	88000	128000
营运成本（港元/a）	8515	11752
维修（港元/a）	5000	6000
年能源回收量（港元/a）	31912	30309
年总收益（港元/a）	37317	35714
年净收益（港元/a）	23802	17962
静态投资回报期（a）	3.7	7.1
动态投资回报期（a）	4.8	13.1

8.8.2　生命周期环境影响评价

1. 研究目标与范围的确定

（1）研究目标

根据生命周期评价理论，选择出科学的、可操作性的、合理的生命周期评价方法，分析 ERIEC 系统在生命周期过程中的能量流向与物质流向，评价 ERIEC 系统全生命周期过程对环境所造成的影响与能源消耗。

（2）研究范围

以本章所述间接蒸发冷却能量回收空调系统为例，研究间接蒸发冷却系统全寿命期内的能源消耗和环境影响。把 ERIEC 系统的全寿命期分为原材料的生产及运输、设备的生产安装及运输、运行及维护和报废处理四个阶段，如图 8-37 所示。

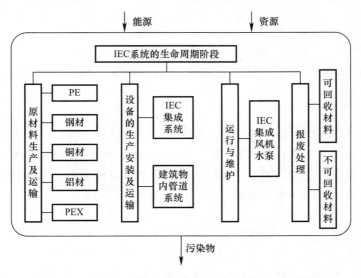

图 8-37　ERIEC 系统的生命周期阶段的划分与系统边界

严格来说，对 ERIEC 系统进行生命周期评价，应该包括从原材料的生产及运输直至报废处理全寿命期。然而，要进行有效、合理、可操作性的生命周期评价，必须考虑实际问题，抓住影响整个评价结果的决定性因素，忽略影响较小的因素。由于数据准确性和可获得性等问题的限制，要选择合理的时间边界范围和物理边界范围。在对最终结果影响不大的前提下，对 ERIEC 系统进行简化。ERIEC 系统的使用寿命为 15a，确定 ERIEC 系统的全寿命期的时间边界为 15a。整个系统主要由集成的 IEC 部件及相应的管道系统构成，包括 IEC 换热装置、一次风机、二次风机、循环水泵及补水泵；管路系统包括水处理装置、水管管材及配件、风管管材及配件。

2. 生命周期清单

（1）ERIEC 集成部件

ERIEC 集成部件共两台，其中集成了风机、水泵以及仪表灯部件，单台重量为 350kg，钢铁所占重量比例为 83.1%，铜材所占重量比例为 9.8%，铝材所占重量比例为 7.1%，所以两台部件内钢材、铜材、铝材的重量分别为 581.7kg、68.6kg 和 49.7kg。ERIEC 系统集成部件的能量流向和物质流向与环境影响不仅仅在原材料生产及运输、材料生产加工和产品制造安装阶段，还包括运行和维护阶段与报废处理阶段的资源、能源消耗和对环境的影响。ERIEC 系统部件的系统边界如图 8-38 所示。

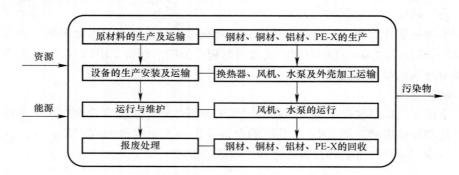

图 8-38　ERIEC 系统部件的系统边界

1）原材料的生产及运输阶段

ERIEC 系统部件用到的原材料主要有钢材、铜材、铝材，重量分别为 581.7kg、68.6kg 和 49.7kg。

① 钢材

钢材是 ERIEC 系统部件中最重要的金属材料，风机、水泵、内部水循环管及外壳的生产都用到钢材；其他附属设备（如阀门、压力表和水表等），由于应用钢材数量相对较少忽略不计。钢材整个生命周期过程需要消耗大量的资源和能源，我国钢铁生产系统边界图及生产 1kg 普通钢材的生命周期清单，可以参阅文献 [7]。

② 铝材

铝材密度小、易成型、导热性能好，是换热部件及相关附件的主要材料。世界上所有的铝都是用电解法生产出来的，电解铝行业耗电量很大。铝电解槽的产生的阳极气体中含有氟化氢、粉尘有害成分，对环境有较为严重的污染。本书仅考虑铝锭生产过程的环境影响，铝工业生产的系统边界及生产 1kg 铝锭的主要生命周期清单可以查阅文献 [10]。

③ 铜材

在 ERIEC 系统部件中，铜材同样是重要的材料。铜具有良好的导热性、延展性等，所以换热管材通常选用紫铜，传统炼铜工业被认为是高能耗、高污染行业，炼铜生产行业包括原生铜生产和再生铜生产过程，在再生铜生产过程中不会产生有害物质或有毒气体，也不产生其他废物。而原生铜的生产过程中耗能、耗材较大，产生污染物也较多，对环境有较大的影响，因此主要对原生铜进行生命周期影响评价。本书仅考虑总铜产量较大的火法炼原生铜的生产过程。研究范围包括采矿、矿石的运输与破碎、喷淋浸出、萃取、电解精炼、熔化铸锭以及其他辅助材料的生产运输过程。火法炼铜法生产1kg工业纯铜的系统边界及生命周期清单可以参阅文献［11］。

2）设备的生产安装及运输阶段

主要包括IEC换热装置、风机、水泵以及集成部件的生产与运输，加工能耗包括设备加工成型和装配过程能耗和辅助能耗。由于受到时间、相关数据、背景资料的限制，对ERIEC系统部件生产加工过程进行各个单元过程的资源、能源输入和各项输出数据分析评价较为困难。此外，ERIEC系统在原材料获取与运输阶段、生产安装阶段的资源、能源消耗与它的使用与运行阶段的资源、能源消耗比起来可以忽略不计。所以，对于ERIEC部件，忽略其运输阶段的能耗，主要考察其生产阶段的能耗。风机、水泵及换热装置的加工能耗取值为0.18kWh/kg。ERIEC部件安装中产生的能耗忽略不计。

3）运行及维护阶段

ERIEC系统在运行过程中产生资源、能源消耗的设备主要是风机和水泵。主要消耗的能源是电能。据前文所述，ERIEC系统运行中风机和水泵运行所产生全年电耗为5827kWh/a，全寿命周期15年内电耗为87405kWh。我国生产1kWh电的生命周期输入输出清单可以参阅文献［12］。

4）报废处理阶段

ERIEC系统部件的报废处理阶段主要有末端设备的拆除与回收报废产品等。报废阶段能耗主要包括拆除设备、机器产生电力和化石能源消耗，且未考虑运输过程中的能源消耗。能够回收的材料有三种：钢、铝、铜。其回收再生利用能耗[13]如表8-19所示。

材料回收清单　　　　　　　　　　　　　　　　　　表8-19

	钢材	铝材	铜材
再生过程能耗（tce/t）	0.56	0.44	0.65
再生率（%）	85	85	90

（2）管路系统

管路系统主要是水管、风管和管道等各种附属设备。这些组件（比如管道系统包括风管、水管、流量计、各种阀门、管件等）能量流向和物质流向与环境影响主要集中在原材料开采与运输、材料生产加工和产品制造安装阶段，使用阶段能源、资源的损耗并不大，环境影响也很小。所以忽略运行及维护阶段，主要考虑其他三个生命周期阶段。所以，系统边界如图8-39所示。

管道主要是风管、水管。风管和水管的主要原材料都是钢材，锌材使用数量较少，不做研究。据估算，增设ERIEC机组所新增的管道系统所耗钢材总重量为240kg。主要研究管道的系统边界包括：原材料钢材的生产过程→风管和水管加工制作→报废处理的生命周期过程。由于使用过程中，管道的资源能源消耗较小，可以忽略。

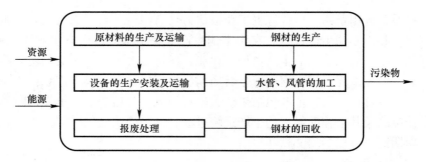

图 8-39　管路系统的系统边界

1）钢材的生产及运输阶段

前文已有叙述，此处不再赘述。

2）设备的生产安装及运输阶段

① 水管

不锈钢焊接钢管在地源热泵系统中主要用在空调水循环管路和供热循环管路，其制作过程是由钢锭或者钢坯经过塑性加工而成。钢管成品加工能耗为 0.278tce/t。

② 风管

风管生产加工过程的能耗还没有可查询的准确具体数据。我国目前还没有制定相应的统计方法，也没有设立相应的统计机构。因此，只能调查加工风管时所用的机器和设备的功率使用时间来得到总电能消耗，文中忽略。

3）报废处理阶段

主要为管道的拆除与回收报废产品等。报废阶段能耗主要包括拆除设备、机器产生电力和化石能源消耗，并未考虑运输过程中的能源消耗。管道的钢材可以回收，再生过程能耗为 0.56tce/t，再生率为 0.85。

3. 清单数据整合

将系统原材料的生产及运输阶段汇总，可得整个 ERIEC 系统的原材料生产及运输阶段的清单。由此可整合上述清单数据，如表 8-20～表 8-23 所示。

系统原材料生产及运输阶段的输入清单　　　　　　　　　　表 8-20

能源、资源输入	数量	能源、资源输入	数量
电力	5610kWh	氟石	8.62kg
燃油	2230MJ	砂砾	3.71kg
煤	25200MJ	斑脱土	3.18kg
无烟煤	3.32kg	铝土矿	16.9kg
褐煤	2.81kg	氯化钠	0.179kg
天然气	2.42kg	空气	0.0331kg
原煤	14.8kg	氮	0.00634kg
重油	1.17kg	硫	0.00199kg
原油	460kg	水	24200kg
生铁	995kg	矿石	532kg

续表

能源、资源输入	数量	能源、资源输入	数量
石灰石	1130kg	硫酸	35.0kg
氧气	451kg	石灰	7.43kg
黏土	41.8kg	镁砖	0.28kg
橄榄石	25.9kg	石英	3.72kg
铁锰矿	16.0kg	铸铁球	0.904kg
白云石	9.29kg		

系统原材料生产及运输阶段的输出清单 表 8-21

输出	数量	输出	数量
Dust(气体)	29.9kg	HF	0.00223kg
CO	73.0kg	颗粒氟化物	0.00205kg
CO_2	7490kg	多环芳烃	5.62×10^{-4} kg
SO_X	53.4kg	C_2F_6	3.72×10^{-5} kg
NO_X	10.9kg	CF_4	4.06×10^{-4} kg
碳氢化合物	1.26kg	C_2H_6	1.17×10^{-5} kg
甲烷	12.0kg	C_3H_8	1.51×10^{-3} kg
H_2S	0.0577kg	颗粒铝化物	4.98×10^{-3} kg
HCl	0.581kg	颗粒物	3.28×10^{-3} kg
悬浮物	80.3kg	干赤泥	5.14kg
NH_4	0.656kg	污泥	0.0149kg
COD	0.187kg	铝灰渣	0.0216kg
BOD	3.31×10^{-3} kg	固体废弃物	1180kg
酚	3.31×10^{-3} kg	工业混合废物	724kg
Na+	0.252kg	粉尘、灰尘（固体）	196kg
C_2H_4	0.606kg	矿渣	2640kg
废水	6650kg		

系统设备生产安装及运输阶段的生命周期清单 表 8-22

输入/输出	物质	数量	单位
输入	电力	218.68	kWh
	汽油	5.82	kg
污染物输出	CO_2	16.3	kg
	CO	0.176	kg
	HC	0.0234	kg
	SO_2	0.0125	kg
	NO_X	0.0523	kg

系统报废处理阶段的生命周期清单　　　　　　　　　　表 8-23

输入/输出	物质	数量	单位
输入	电力	158.27	kWh
	水	589.93	kg
污染物输出	甲烷	7.19	kg
	CO_2	41.55	kg
	SO_2	4.60	kg
	CO	23.02	kg
	HC	69.24	kg
	Tsp	154.14	kg
	废水	36.87	kg
	固体废弃物	18.53	kg

4. ERIEC 系统生命周期影响评价

前两节介绍了 ERIEC 系统在整个生命周期过程中的资源能源输入和污染物输出的相对数值，但不能表现对资源消耗和环境影响的贡献量，因而需要将清单分析的结果转化为能够直接反映资源消耗和环境影响潜值的生命周期影响评价指标。因此需要对 ERIEC 系统进行生命周期影响评价。

根据清单分析结果，将 ERIEC 系统四个生命周期阶段的资源消耗清单进行特征化、标准化。采取 CML 分类方法，考察的环境影响类型包括：不可再生资源消耗（ADP）、温室效应（GWP）、酸化效应（AP）、光化学烟雾（POCP）、人体健康损害（HTP）和水体富营养化（EP）。环境影响在各个生命周期阶段的标准化值如表 8-24 所示。

该 ERIEC 系统所有环境影响类型影响潜值最大的阶段是系统的运行及维护阶段。主要原因是 ERIEC 系统运行阶段消耗大量的电能，电力的生产过程消耗了大量的资源，产生了大量的环境排放。对 ADP、GWP、POCP、HTP 这四类环境影响，生命周期阶段的贡献程度均是：运行及维护阶段＞原材料的生产及运输阶段＞设备的生产安装及运输阶段＞报废处理阶段；对 AP、EP 这两类环境影响，贡献程度均是：运行及维护阶段＞原材料的生产及运输阶段＞报废处理阶段＞设备的生产安装及运输阶段。

系统的环境影响标准化值及各个生命周期阶段比例　　　　　　表 8-24

类型	名称	原材料生产及运输	设备生产安装及运输	运行维护	报废处理
ADP	特征化 kg Sb eq.	78.4	2.10	726	1.45
	标准化	$4.99×10^{-10}$	$1.33×10^{-11}$	$4.62×10^{-9}$	$9.25×10^{-12}$
	比例	0.0971	0.0026	0.8985	0.0018
GWP	特征化 kg CO_2 eq.	$1.55×10^4$	251	$8.58×10^4$	212
	标准化	$4.01×10^{-10}$	$6.49×10^{-12}$	$2.22×10^{-9}$	$5.51×10^{-12}$
	比例	0.1522	0.0025	0.8432	0.0021
AP	特征化 kg SO_2 eq.	181	2.94	1060	7.63
	标准化	$6.24×10^{-10}$	$9.83×10^{-12}$	$3.55×10^{-9}$	$2.56×10^{-11}$
	比例	0.1445	0.0023	0.8470	0.0061

类型	名称	原材料生产及运输	设备生产安装及运输	运行维护	报废处理
POCP	特征化 kg C_2H_2 eq.	13.8	0.22	74.2	0.99
	标准化	3.04×10^{-10}	4.82×10^{-12}	1.63×10^{-9}	2.17×10^{-11}
	比例	0.1547	0.0025	0.8317	0.0111
EP	特征化 kg PO_4^{3-} eq.	8.54	0.194	68.9	0.137
	标准化	6.24×10^{-11}	1.51×10^{-12}	5.34×10^{-10}	1.06×10^{-12}
	比例	0.1099	0.0025	0.8858	0.0018
HTP	特征化 kg(1,4)-DCB eq.	1.43×10^4	134	4.96×10^4	225
	标准化	2.87×10^{-10}	2.70×10^{-12}	9.95×10^{-10}	4.54×10^{-12}
	比例	0.2225	0.0021	0.7719	0.0035

根据清单分析结果，得出了 ERIEC 系统每个生命周期阶段的六种环境的标准化值，如表 8-25 所示。

生命周期阶段的环境影响　　　　　　　　　　　　　　　　表 8-25

	ADP	GWP	AP	POCP	EP	HTP
原材料生产及运输	4.99×10^{-10}	4.01×10^{-10}	6.24×10^{-10}	3.04×10^{-10}	6.24×10^{-11}	2.87×10^{-10}
比例	0.23	0.19	0.28	0.14	0.03	0.13
设备生产及运输	1.33×10^{-11}	6.49×10^{-12}	9.83×10^{-12}	4.82×10^{-12}	1.51×10^{-12}	2.70×10^{-12}
比例	0.34	0.17	0.25	0.12	0.04	0.07
运行维护	4.62×10^{-9}	2.22×10^{-9}	3.55×10^{-9}	1.63×10^{-9}	5.34×10^{-10}	9.95×10^{-10}
比例	0.34	0.16	0.26	0.12	0.04	0.07
报废处理	9.25×10^{-12}	5.51×10^{-12}	2.56×10^{-11}	2.17×10^{-11}	1.06×10^{-12}	4.54×10^{-12}
比例	0.14	0.08	0.38	0.32	0.02	0.07

从 ERIEC 系统的生命周期阶段来看，每个生命周期阶段的各类环境影响所占的比重不同。原材料的生产及运输阶段最大的环境影响主要为 AP 和 ADP，其主要原因是电力和原材料的生产过程排放的二氧化硫和氮氧化合物，并消耗了大量的化石能源。设备的生产安装及运输阶段最大的环境影响为 ADP，主要原因是管道、设备需要运输与安装，消耗较多的燃料汽油。运行及维护阶段的环境影响比例分布与设备的生产安装阶段类似，对环境产生影响的主要原因是电力的生产过程向环境的排放。报废处理阶段对环境影响最大的是 AP 和 POCP，主要原因是回收过程中消耗电力和回收材料过程中产生了二氧化碳。

本章参考文献

[1]　龙惟定. 物业设施管理与暖通空调 [J]. 暖通空调，1998，28 (4)：25-29.

[2]　房华荣. 基于寿命周期成本 (LCC) 的暖通空调方案选择的应用研究 [D]. 西安：长安大学，2008.

[3]　陈玉波，张柳，曲长征. 产品 LCC 估算模型研究及仿真分析 [J]. 计算机仿真，2005，22 (9)：73-75.

[4]　虞和锡. 工程经济学 [M]. 北京：中国计划出版社，2002.

[5]　金家善，邵立周. LCC 分析的简化方法 [J]. 中国设备工程，2003，9：6-8.

[6]　International Standard Organization. ISO 14040 Environmental management Life: Cycle Assessment-Princi-

ples and Framework，1997.

[7]　杨建新，徐成，王如松. 产品生命周期评价方法及应用 [M]. 北京：气象出版社，2002.

[8]　International Standard Organization. ISO 14044 Environmental management Life：Cycle Assessment-Requirements and guidelines，1997.

[9]　高峰. 生命周期评价研究及其在中国镁工业中的应用 [D]. 北京：北京工业大学. 2008.

[10]　陈伟强，万红艳，武娟妮等. 铝的生命周期评价与铝工业的环境影响 [J]. 轻金属，2009（5）：3-10.

[11]　姜金龙，戴剑峰，冯旺军. 火法和湿法生产电解铜的生命周期评价研究 [J]. 兰州理工大学学报，2006，32（1）：19-21.

[12]　Di X. H，Nie Z. R，Yuan B. R. Life cycle inventory for electricity generation in China [J]. The International Journal of Life Cycle Assessment ，2007，12（4）：217-224.

[13]　李兆坚. 可再生材料生命周期能耗算法研究 [J]. 应用基础与工程科学学报，2006，14（1）：50-5.